dtv
premium

Ausführliche Informationen
über unsere Autoren und Bücher
finden Sie auf unserer Website
www.dtv.de

PAUL BEDEL

MIT
CATHERINE ÉCOLE-BOIVIN

»Meine Kühe sind hübsch,
weil sie Blumen fressen«

Vom Reichtum des einfachen Lebens

Aus dem Französischen
von Elisabeth Liebl

Deutscher Taschenbuch Verlag

Deutsche Erstausgabe 2011
Deutscher Taschenbuch Verlag GmbH & Co. KG,
München
© Presses de la Renaissance, 2009
Titel der französischen Originalausgabe:
Testament d'un paysan en voie de disparition
Deutschsprachige Ausgabe:
© 2011 Deutscher Taschenbuch Verlag GmbH & Co. KG,
München
Umschlagkonzept: Balk & Brumshagen
Umschlagbild und Innenillustrationen: Isabella Roth
Satz: Greiner & Reichel, Köln
Gesetzt aus der Sabon 10,5/13·
Druck und Bindung: Kösel, Krugzell
Gedruckt auf säurefreiem, chlorfrei gebleichtem Papier
Printed in Germany · ISBN 978-3-423-24871-6

Inhalt

Vorwort

Ich weiß noch, wie ich zum ersten Mal den Leuchtturm sah, als ich von Auderville kam und auf den kleinen Hafen Goury zufuhr. An diesem Tag beutelte der Wind die Bäume, es roch nach Salz, sodass ich das Meer schon wahrnahm, lange bevor ich es sah.
Es war ein echter Schock.
Hinterher dann das Bedürfnis wiederzukommen. Und mehr über die Geschichte dieses Landstrichs zu erfahren. Sich den Menschen zu nähern, die dort leben.
Catherine École-Boivin lässt uns in diesem Buch die Stimme dieser Landschaft vernehmen. Die Stimme Paul Bedels, eines Bauern, der in Auderville geboren wurde, wo er auch aufgewachsen ist und immer gelebt hat. Er ist Teil des Gedächtnisses von La Hague.
Für dieses Buch hat sie viel Zeit mit ihm verbracht. Sie hat festgehalten, was er sagte, und hilft uns so, das zu bewahren, was wir nicht vergessen dürfen: unsere Wurzeln. Sie hat ihn immer wieder besucht. Hat seine Worte, seine Erinnerungen eingefangen.
Ich für meinen Teil wollte gern den Raum sehen, in dem die beiden miteinander sprachen. Ich rief Paul an, und er lud mich tatsächlich zu sich ein. Und so saß ich dann am Küchentisch, neben der großen Wanduhr, und er erzählte mir von seinen Begegnungen mit Catherine École-Boivin. Er zeigte auf einen Stuhl: Sie setzte sich

immer dahin, dann hörte sie mir zu, sie hatte so ein Ding dabei, mit dem sie alles aufnahm …

Mit der Zeit wuchs zwischen den beiden das Vertrauen. Er lieh ihr sogar seine Hefte.

So entstand dieses Buch, ein Buch, das uns auf jeder Seite intimen Einblick gewährt in den Alltag eines Mannes, der mit seinen Händen den Boden bearbeitet und sich davon ernährt hat. Ein Leben »voll Müh und Plag« und voller Achtung vor der Erde, denn Paul Bedel hat seine Kühe gefüttert und hat Gemüse gezogen, ohne je auch nur ein Körnchen Kunstdünger zu benutzen. Er hat seinen Boden nur mit den Algen gedüngt, die er am Strand sammelte. Und sagt mit einem leisen Lächeln, dass der Ertrag natürlich nicht der gleiche sei …

In diesem Buch schmecken wir die handgerührte Butter, die frischen Eier, den Spargel. Es riecht nach Meer, nach Wind und Tränen. Den Tränen, die Paul Bedel an jenem Tag vergossen hat, als er sich von seinen Kühen trennen musste.

Paul Bedel sagt, was er denkt, ohne Umschweife. Er denkt über die Welt nach und stellt sich entscheidende Fragen: Was hat es für einen Sinn, immer mehr zu produzieren, immer mehr zu besitzen? Brauchen wir wirklich so viel? In diesem Buch spricht er von der lebendigen Erde, die Luft braucht zum Atmen. Er ist nicht der Mensch, der Lehren erteilt. Er sagt uns nur, was er beobachtet hat.

Er lacht und erzählt ohne Wehmut vom Leben früher, von der Kindheit, dem Krieg, der verlorenen Liebe. Lang ist's her … und scheint doch so gegenwärtig. Paul braucht nichts, was man kaufen kann, nur Ruhe und Stille.

Paul Bedel hat eine ganz einfache Form des Landbaus betrieben. Er, den man häufig als »Hinterwäldler«

behandelt hat, hat fast jeden Tag Besuch – Leute, die von weit her kommen, Umwege machen, um mit ihm zu sprechen. Und auch von den Landwirtschaftsschulen kommen Schüler, um von ihm zu lernen.

Catherine École-Boivin hat es verstanden, auf den Seiten dieses Buches den Humor dieses Mannes einzufangen, der ohne Umschweife bekennt, altmodisch zu sein, und der leise knurrt, dass wir möglicherweise längst zu weit gegangen sind.

Er hält nichts zurück. Während er mit gefalteten Händen am Tisch sitzt, lässt er uns einen Blick tun in sein Herz.

Das Herz – er meint, dass dort alles anfängt.

Er war Bauer, jetzt ist er zum wandelnden Gedächtnis seiner Welt geworden, einer Welt, die es nicht mehr gibt. Deshalb reicht er uns seine Erinnerungen weiter.

Sein Zeugnis, das er mit Hilfe von Catherine École-Boivin ablegt, wirft die Frage auf, wer wir waren und welchen Sinn wir unserer Zukunft geben wollen.

Mögen wir daraus eine Lehre ziehen, damit wir uns diesem Land der Freiheit, das mir so am Herzen liegt, noch mehr verbunden fühlen.

Claudie Gallay*

---

* Claudie Gallay ist eine der populärsten Schriftstellerinnen Frankreichs. Auf Deutsch ist von ihr 2010 erschienen: Die Brandungswelle.

Die Zeit

Ich bin ein Bauer ohne Geschichte. Ein Vorkriegsmodell, geboren am 15. März 1930 »auf dem Hof« in einer kleinen Gemeinde im Bezirk La Hague, am äußersten Rand von Auderville.

Ich heiße Paul Bedel.

Wenn ich als junger Mesner die Totenglocke läutete, dachte ich nicht an meine letzte Stunde. Ich habe dabei immer gelächelt. Ich läutete noch von Hand, da hieß es ordentlich ziehen. Und wenn du da so ganz allein am Seil hängst, dann wird dir die Zeit lang. Armer Gusto! Mein Körper stieg in die Höhe, während ich der armen Seele, die da ins Paradies davonflog, die letzte Ehre erwies. Das Totenläuten konnte bis zu einer halben Stunde dauern, je nachdem, wie angesehen der Verstorbene war.

Davon und von der Feldarbeit habe ich kräftige Muskeln und Knochen bekommen. Heute geht ja alles elektrisch. Ich drehe an drei Knöpfen und schon läuten die Glocken. Mittlerweile werden die Glocken – wir haben zwei im Glockenturm – für alle gleich lang geläutet. Das ist nicht schlecht, dass alle gleich viel Geläute kriegen. Denn unter der Erde liegen sowieso alle gleich tief.

Ehrlich gesagt, bleibt mir so sogar noch ein wenig Zeit, denn als Landwirt im Ruhestand bin ich ziemlich beschäftigt. Wo ich auch bin und was ich auch tue, meine Zeit ist knapp bemessen. Das ist jetzt in der Rente genauso wie in meiner aktiven Zeit.

Ich drehe jeden Schalter dreimal um, und die Glocken läuten von allein. Ich horche, ob sie richtig anschlagen, dann sperre ich die Sakristei ab, schiebe den Schlüssel in meine Jackentasche, knie nieder und bekreuzige mich.

Draußen atme ich den frischen Wind ein und ziehe mir meine Kappe über die Ohren. Der weiße Friedhofskies knirscht unter meinen Füßen. Ich gehe schnell und meine Gestalt, krumm vom vielen Tragen, schwingt hin und her wie ein Klöppel.

Ich biege in meine Straße ein.

Ein kurzer Blick hinaus aufs Meer, eine kräftige Brise streicht über das Wasser.

Ich schaue hinauf zu der Wetterfahne auf meinem Stall, die aussieht wie eine Kuh, und sauge die Luft ein, so wie es meine Vorfahren schon getan haben. Ein Mann, der Bescheid weiß, weil er einiges erlebt hat. Die Winde haben sich nicht verändert.

Ein schmallippiger Gruß zur Nachbarin hinüber, die ihre Sprühdose, so nenne ich ihren Hund, Gassi führt. Er pinkelt immer auf unsere schöne Hortensie, sodass die Blätter schon ganz gelb sind. Zum Glück kommt sie immer nur am Wochenende. Wochentags versucht die arme Pflanze, sich wieder zu erholen.

Ich gehe ins Haus, wo das Telefon läutet. Einer aus der Pfarrei ruft an und will wissen:

»Paul, wer ist denn eigentlich gestorben?«

Und unweigerlich antworte ich auf diese Frage:

»Also ich war's nicht!«

Nach wie vor macht mir dieser kleine Scherz einen Heidenspaß, das könnt ihr euch gar nicht vorstellen! Wenn du nämlich ins Telefon keuchst, weil du gerade im Eilschritt von der Kirche nach Hause gerannt bist, weißt du, dass du noch am Leben bist. Und der am Telefon meckert dann wie immer:

»Lass deine Witze, Paul! Das weiß ich selber, dass du es nicht warst, wenn du ans Telefon gehst. Alter Gimpel!«

Eins steht jedenfalls fest: Besser ein lebender alter Gimpel als ein toter alter Gimpel. Allerdings gibt es in den anderen Gemeinden keinen Paul, der die Totenglocken läutet.

Manchmal erreichen mich ziemlich traurige Anrufe. Die Uhr bleibt auch für die nicht stehen, die wir lieben.

Meine Frist ist bald abgelaufen und dann wird es auch für mich so weit sein.

Die Liebe

Anfang 2008, es war ein dunstiger Tag, aber trotzdem sonnig, klingelte das Telefon. Ich hielt den Hörer mit den Fingerspitzen, weil ich gerade Kartoffeln fürs Abendessen geholt und noch Erde an den Händen hatte. Schweigend hörte ich zu, und bevor ich auflegte, sagte ich:

»Ich komme morgen.«

Tags drauf habe ich das Auto genommen und meinen Schwestern gesagt, dass ich den ganzen Tag weg sein würde. Wie immer hat mir Marie-Jeanne, die jüngere, mein Pflaster fürs Herz hergerichtet und Lakritzbonbons dazugelegt und ein paar *Madeleines*. Sie verzog beunruhigt das Gesicht und fragte finster:

»Und wo fährst du hin?«

»Weiß nicht.«

Ich wollte über diese Sache nicht reden, weil ich noch nie mit jemandem darüber geredet hatte, nicht einmal mit derjenigen, die das Ganze als Einzige etwas anging.

Ich legte mehrere Dutzend Kilometer zurück, dabei fahre ich nicht mehr gern Auto. Bäume und Hecken sausten an mir vorbei, Stopp- und Vorfahrtsschilder, Ampeln, Autos und LKWs. Und plötzlich lag da das Grün des Bocage vor mir. Man fährt ins Landesinnere hinein und merkt plötzlich, dass die Luft anders riecht, anders als die Luft am Meer, die Luft auf der Halbinsel von La Hague.

Ich habe den kleinen Bauernhof gleich wiedererkannt, obwohl es fünfzig Jahre her war, dass ich von dort weggegangen bin.

Man hat mich freundlich empfangen.

Ich bin in ihre Kammer hinaufgestiegen. Ihr Leichnam lag friedlich auf dem Bett. Die weißen Haare waren zu einem Knoten aufgesteckt, demnach hat sie sie nie abgeschnitten. Ich habe sie nicht wiedererkannt, aber sie dürfte mich von dort oben, wo sie jetzt war, auch nicht wiedererkannt haben. Ich setzte mich auf den Strohstuhl und schaute mir die Aufnahmen von ihren Kindern an, ihre Hochzeitsfotos, die Bilder von den Enkeln, wie sie ihre Geburtskerzen ausblasen.

Und mit einem Mal lief in aller Langsamkeit die Erinnerung an einen längst vergangenen Sommer vor mir ab. Der Moment, als ich sie mit meinen Augen umfing. Zwei kurze Stunden hatte ich ihre Hand gehalten, so lange ein Spaziergang zweier junger Leute eben dauert. Das war bei einer Versammlung mehrerer Pfarreien gewesen, direkt nach Kriegsende. Diese wenigen Stunden sind im Laufe der Jahre in meiner Erinnerung immer länger geworden. Ich dachte damals, dass sie meine Frau werden würde, dass ich sie fragen würde, ob sie mich heiraten möchte.

Ich habe mich in sie verliebt, als ich da so neben ihr ging, ihre Hand in meiner.

Bei mir war es das erste Mal. Dieses Gefühl hatte ich nur zwei Mal im Leben.

Doch mit meinen siebzehn Jahren – so alt war ich damals – gab es zu viele andere Sachen, um die ich mich kümmern musste, und so habe ich meinen Antrag aufgeschoben, ohne etwas zu sagen.

Ich saß schon eine Weile so da und betrachtete ihre

sterbliche Hülle, als das Gefühl mich überkam, aber geweint habe ich trotzdem nicht. Tränen weint man, wenn man etwas bereut oder sich schuldig fühlt.

In diesem Zimmer, in dem der Leichnam einer toten Frau ruhte, die ich so lange Zeit in meinem Herzen getragen hatte, zog meine Jugend noch einmal an meinem inneren Auge vorbei.

Bis zu diesem Tag hatte ich immer wieder für sie gebetet, für sie und die Entscheidung, die sie für ihr Glück getroffen hatte und die die richtige gewesen war. Sie hat sich nicht mit mir verlobt und hat mich nicht geheiratet. So ist es nun einmal. Was war ich doch für ein Esel! Ich hatte ihr nicht gesagt, wie sehr ich sie liebte, weil ich Angst hatte, sie könnte mich zurückweisen, und dass unsere Väter dagegen sein würden. Ich kam mir ihr gegenüber immer so klein vor, vielleicht, weil ich keinen Schulabschluss hatte und statt einem Doktorhut nur einen Eselshut vorweisen konnte. Während des Militärdienstes habe ich meinen ganzen Liebeskummer noch einmal durchlebt, als ich erfuhr, dass sie sich drei Monate nach unserem harmlosen Spaziergang mit einem anderen zusammengetan hatte. Als sie sich dann verlobte, war ich am Boden zerstört.

Trotz all der Zeit, die inzwischen vergangen war, und obwohl sie jetzt tot war, war sie immer noch Teil meines Lebens. Ich habe den Tag noch einmal erlebt, als sie mir auf der Straße entgegenkam. Da wäre es noch möglich gewesen, aber ich habe mich nicht getraut, ihr zu sagen, dass ich sie liebe. Obwohl mein Militärdienst vorüber war. Ich habe nicht den Mut aufgebracht, ihr meine Gefühle zu gestehen. Wir standen gegen das Gatter zu einem meiner Felder gelehnt, vollkommen ungestört. Und obwohl ich mir während der Zeit beim Militär diese

Szene tausend Mal vorgestellt hatte, brachte ich nicht ein Wort über meine Liebe heraus.

Heute bedaure ich, dass ich so dumm war und aus Respekt vor ihrem Verlobten nichts gesagt habe, denn so habe ich sie für immer verloren.

Wie sonst auch habe ich ihm den Vortritt gelassen. Zuerst die anderen, dann Paul.

Vielleicht hätte sie ja alles umgeworfen, dann wäre ich nach vielen glücklichen Jahren an der Seite dieser so schönen und freundlichen Frau an diesem Tag Witwer gewesen.

Heute würde ich ihr schreiben, ich würde nicht mehr schweigen. In meinem Alter hat man begriffen, dass sich im Leben alles wieder hinbiegen lässt, wenn nur genug Zeit ist.

An jenem Tag, als ich auf dem kleinen Strohstuhl saß, waren wir noch einmal ungestört zusammen. Ich sagte ihr damals, wie dumm ich gewesen war. Darüber bin ich froh, denn nun weiß sie alles.

Ich habe einmal noch ihre Hand in der meinen gespürt.

In einem Augenblick wie diesem fragt man sich nicht, wozu es gut gewesen sein soll, dass man zur Welt gekommen ist. Nein, man fragt sich nur, ob es die Mühe wert war, ohne die Liebe einer Frau an seiner Seite zu leben.

Nun, das werde ich wohl nie herausfinden.

Zumindest glaube ich das, denn man lebt (im Prinzip wenigstens) nur einmal auf dieser Welt!

Wie gesagt habe ich also meine ganze Jugend noch einmal durchlebt, auch den Augenblick, als ich zehn Jahre nach meinen zwei Enttäuschungen in der Liebe mit dreißig gemerkt habe, dass für mich der Zug abgefahren war. Dass ich für immer ein »alter Knabe« bleiben würde. Das war an jenem Tag, als mein bester Freund aus Kindertagen heiratete. Er und seine Verlobte, ein wirklich nettes Mädchen, hatten mich eingeladen. Ihre Gesichter strahlten vor Glück. In diesem Augenblick begriff ich, dass dieses Glück nicht für mich bestimmt war.

Am Tag ihrer Hochzeit – und nachdem ich zum zweiten Mal darauf verzichtet hatte, mich in Liebe mit einer jungen Frau zu vereinen, die mich eigentlich mochte, aber einige Hundert Kilometer von meinem Dorf entfernt lebte – brach das Alter über mich herein. Ich fühlte mich schrecklich alt und verbraucht, völlig fehl am Platz zwischen all den jungen Paaren mit ihren Kindern, die überall herumsprangen. Ich musste zu Hause den Hof übernehmen und mich um Mutter, den kleinen Bruder und meine Schwestern kümmern. Mein Vater war gerade gestorben, und mein Bruder war mit dreizehn Jahren Halbwaise geworden.

Das hatte ich meinem Vater versprochen. Ich hatte ihm ein Versprechen gegeben: dass ich in seine Fußstapfen treten und seiner Hände Arbeit auf den Feldern fortführen würde.

In jener Nacht sagte ich mir, dass ich niemals Frau und Kinder haben würde. Ich fühlte mich, als hätte man mir alle Kraft aus dem Körper gesogen. Ich war zutiefst bedrückt.

Von dem Tag an habe ich nicht mehr genug Kraft aufgebracht, mir vorzustellen, dass ich vielleicht doch noch jemanden finden könnte, und so ist es dann auch gekommen. Ich habe mich niemals gebunden, also geheiratet.

Zum Glück fand ich Trost bei der fröhlichen Schar meiner Geschwister, meinen Schwestern, die ebenfalls ledig geblieben sind, und der Familie, die sich durch die Heirat meiner Brüder und die Geburt ihrer Kinder stets vergrößerte.

Die Arbeit auf dem Hof hat mich daran gehindert, zu viel zu grübeln. Wenn die Hände zu tun haben, hat der Hutablageplatz Pause.

Doch die erste »Freundin« von damals, als ich noch nicht zwanzig war, habe ich nie vergessen. Auf sie habe ich immer gewartet und sie insgeheim bis heute geliebt. Das ist die Wahrheit. Für sie wäre ich hundert Jahre alt geworden, ich hätte weiter auf sie gewartet, und sei es nur, um eine Stunde mit ihr zusammenzusein, sobald sie wieder frei gewesen wäre. Dann hätte ich ihr endlich alles sagen können, doch sie ist vor ihrem Mann gestorben … Vielleicht hätten wir es so gemacht wie diese Leute heute, die sich noch mit über achtzig auf die Liebe einlassen.

Ich saß neben ihr, nur wir zwei. Ich hatte immer Angst, dass sie vor mir stirbt. Seltsamerweise hat mir dieser Augenblick der Wahrheit Frieden geschenkt.

Ich habe überlegt, ob ich sie um Verzeihung bitte, aber wofür denn eigentlich?

Dann kamen die Leichenbestatter und legten sie in ihren Sarg. Während der Beerdigung setzte mein Verstand richtig aus. Dabei fühlte ich keinen Schmerz. Sie hatte das schöne Leben gehabt, das sie verdient und das sie sich ausgesucht hatte. Das habe ich respektiert. Ich habe ihr Leiden während der langen Krankheit in mir getragen. Glücklicherweise hat mich niemand gebeten, während des Totenamtes ein Gebet zu sprechen.

Dann fuhr ich wieder heim.

Am nächsten Tag habe ich mein Leben wieder aufgenommen, ohne noch einmal mit jemandem über die Sache zu reden.

Die Uhr

Unsere Pendeluhr mit ihren schweren gusseisernen Gewichten ist ein noch älteres Baujahr, als ich es bin. Ich war nicht dabei, als sie ihren ersten Schlag getan hat, doch sie war Zeugin bei meiner Geburt. Die Dorfhebamme hat an ihren Zeigern die Zeit abgelesen, als ich in dem Haus auf die Welt kam, in dem ich heute noch lebe. Die Uhr ist ein altes Erbstück von unseren Urgroßeltern, vielleicht sogar noch älter. Sie hat mein Leben geregelt und geht nach Ortszeit. Françoise, meine Schwester, die 1937 geboren ist, zieht sie jede Woche auf und schimpft dabei jedes Mal:

»Sag bloß nicht, dass schon wieder eine Woche um ist, altes Mädel!«

Sie zeigt uns die Zeit an und teilt unsere Sieben-Tage-Woche ein, die, die gerade vorüber ist und die, die vor uns liegt. Die Zeit vergeht und wird immer weniger, andererseits merkt man das nicht so stark, wenn man sich nach der Sonnenzeit richtet. Unsere Uhr könnte einiges erzählen über die Vergänglichkeit des Lebens, die uns auf den Fersen ist wie der Gerichtsvollzieher. Sie geht ein bisschen ungenau, drum habe ich ein bisschen an ihrer Pendelschnur herumexperimentiert, die sich im Laufe der Jahre abgenutzt hat. Ich habe einen ordinären Knoten hineingemacht. Sie hat einfach schon zu stark gesponnen, sie ist immer nachgegangen und wir mussten uns dann beeilen!

Und wir lassen uns einfach gern Zeit.

Vor fünfzehn Jahren war sie mal kaputt. Als ich sie so in alle Einzelteile zerlegt auf dem Tisch liegen sah, habe ich bei mir gedacht:

»Das war's dann wohl, du Ärmste!«

Keiner kann sich aussuchen, wie er stirbt, und unsere Uhr wollte sicher auch nicht kaputtgehen. Das war einfach der Verschleiß. Ein Verwandter von mir hat die Uhr mit zu sich nach Hause genommen. Dort hat er ein bisschen Zahnarzt gespielt. Er ist recht geschickt im Reparieren von Sachen.

Bei einem Zahnrad war ein Zahn ausgebrochen, so wie alte Leute einen Zahn verlieren. So ein kleiner Kupferzacken, ohne den sie nicht richtig funktionierte. Dieser abgenagte Zacken war schuld daran, dass die Zahnräder nicht mehr richtig ineinandergriffen. Darum hat ihr mein Verwandter das Gebiss in Ordnung gebracht. Ein paar Mal mit der Feile drüber, und zack, sie ging wieder wie neu. Seitdem bin ich auf unsere Uhr direkt ein bisschen neidisch. Ich habe nämlich ein paar schlechte, abgebrochene Zähne und muss deswegen immer auf der rechten Seite kauen. Eigentlich sollte ich zum Zahnarzt gehen, aber ich weiß nicht, ob es den Aufwand wert ist, so eine alte Kiste wie mich, die bald aus dem Verkehr gezogen wird, noch einmal reparieren zu lassen. Wie auch immer, ich kaue jetzt nur noch auf einer Seite. Unsere Uhr jedoch hat seit ihrem Besuch beim Gelegenheitszahnarzt zwei einwandfreie Kiefer.

Alte Mädchen sind bekanntlich zäh.

Als sie zum Reparieren ein paar Tage außer Haus war, mussten wir auf ihr gewohntes Tick-tack verzichten. Mutter konnte nicht einmal mehr stricken. Das Tick-tack der Sekunden fehlte ihr, sodass sie immer wieder

Maschen fallen ließ, weil sie beim Stricken so sehr auf die Uhr geeicht war. Und wenn wir drei, meine zwei Schwestern und ich, aus dem Haus gingen, um draußen auf unseren Feldern zu werkeln, fühlte sich unsere arme Mutter ganz verlassen in dieser Stille. Wenn wir von der Feldarbeit zurückkamen, fragte sie jedes Mal ganz ungeduldig: »Wann kriegen wir unsere Alte endlich zurück?«

Die Uhr leistete ihr Gesellschaft, wenn auch nur als vertrautes Hintergrundgeräusch.

Als unsere Uhr wieder da war, brachte sie eine leichte Zeitverschiebung mit. Das war ein Vorteil, denn seitdem geht sie nach Normalzeit. Man möchte fast meinen, sie kann zählen. Es gibt da eine leichte Abweichung, die wir schon seit Ewigkeiten kennen. In den wissenschaftlichen Sendungen im Fernsehen ist manchmal die Rede davon.

Übrigens ging vor sechzig Jahren die Sonne immer ein Stück neben unserer Madonnenstatue auf, die heute noch auf demselben Platz auf dem Kamin steht. Die Sonne scheint durch dieselbe Fensterscheibe, aber um zwei Zentimeter versetzt. Das habe ich genau beobachtet.

Unser alter Uhrkasten hält sich gern für die Weltzeituhr. Außerdem hat unsere Uhr ein Schlagwerk. Halbe Stunden zeigt sie mit einem Schlag an, volle Stunden verkündet sie mit so vielen Schlägen, wie es der Stundenzahl entspricht. Bei den vollen Stunden beginnt sie mit dem Schlagen noch einmal, etwa eine Minute, nachdem sie zum ersten Mal geläutet hat. Wenn du noch schläfst und nicht mitgekriegt hast, wie spät es ist, dann zählt sie es dir noch einmal mit einem leisen Fünf-Uhr-Wimmern vor: *dong, dong, dong, dong, dong.* Du kannst sie vom Bett aus ausschimpfen, so viel du willst, sie fängt mit ihrem Radau unweigerlich von vorne an. Da kannst du dir nur das Kopfkissen über die Ohren ziehen.

Unsere große Uhr im Esszimmer zählt die Wochen im Hause Bedel. Das ist viel interessanter als so eine Uhr mit Batterie. Bei diesen elektronischen Uhren bewegt sich nichts, da gibt es für unsereins nichts zu tun. Das Tagwerk eines Bauern oder eines Arbeiters ist eben anders. Man muss immer ein bisschen in Bewegung bleiben, sonst landet man schneller in der Grube, als man meint. Ich möchte nicht mit Batterie funktionieren, wenn man vom Herzen mal absieht. Viele alte Leute leben ja nur noch, weil man ihnen so ein Ding eingesetzt hat. Jeanne, eine Nachbarin aus Jobourg, die bald hundert wird, hat das recht treffend beschrieben:

»Der Doktor hat mir eine Batterie eingesetzt. Anders wär's schon längst aus mit mir!«

Ich aber laufe noch mit Federantrieb. Mir haben sie Gefäßstützen aus Metall eingesetzt. Das ist eine rein mechanische Sache.

Zugegeben, eine Batterieuhr, die lebt auch, aber das ist wie das Leben kurz vor dem Tod. Eine Pendeluhr, die schwatzt und werkelt. Ohne diesen Pulsschlag ist eine Uhr stumm, und man weiß nie, wie man dran ist. Einer Batterieuhr kannst du auch keinen Schubser geben, damit sie wieder eine Woche läuft.

Ich gehe auf das Verfallsdatum zu. Manchmal habe ich das Gefühl, dass mein Gewicht schon ziemlich weit drunten ist. Aber Françoise und ich ziehen die Uhr immer wieder auf.

Manchmal, wenn ich allein bin, quassle ich vor mich hin:

»Armer Paul, wenn du dir einmal nicht mehr den Spaß machen kannst, die Uhr aufzuziehen, dann steht es schlecht um dich, dann brauchst du keinen Zahnarzt mehr!«

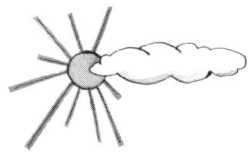

Die Zeit der Deutschen

Es ist schön, die Bleigewichte einer Pendeluhr aufzuziehen. Man kann sich einbilden, das eigene Schicksal in der Hand zu haben.

Heute haben wir eine elektrische Uhr aufgehängt, wie sie unsere Besucher haben. Die geht nach heutiger Zeit. Und daran sind nur unsere Besucher schuld, mit Verlaub gesagt.

Ich mache niemand einen Vorwurf, aber ich widersetze mich dieser Uhr. Ich schaue sie an und ziehe ganz automatisch ein oder zwei Stunden ab.

Mein persönlicher Zeitmesser ist und bleibt mein Körper. Die beschauliche Ortszeit, der Lauf der Sonne, regelt mein Leben. Die großartigen elektronischen Neuerungen der letzten Jahre sorgen doch nur dafür, dass wir herumhetzen. Das hält einen ganz schön auf Trab. Nach der offiziellen Zeit ist bald wieder Weihnachten. Vielleicht kommt mir das auch nur so vor, weil ich alt bin. Die offizielle Zeit treibt und treibt uns.

Richtet man sich nach der Sonne, lebt man im Rhythmus mit der Zeit, man hat Zeit in der Zeit. Heutzutage hat man schon in der Jahresmitte, also im Juli zum Beispiel, den Eindruck, dass das Jahresende vor der Tür steht. Kaum kommen die Urlauber hier an, reden sie schon wieder von der Abreise.

Man könnte meinen, dass wir keine Zeit mehr haben. Das macht einen ganz kirre. Die Geschwindigkeit macht uns schwindlig, wir kriegen den Drehwurm. Die Leute funktionieren, und das gibt ihnen das Gefühl, dass sie Fortschritte machen. Aber in Wirklichkeit geht das Jahr heute nach, nicht vor, es geht nach.

Das gibt einem ganz schön zu denken, wenn es darum geht, wo du dich vom Acker machst.

Tief wie deine Furchen, gerade wie die meinen, ein bisschen krumm also, so lenkst du deine Schritte auf dein Ende zu. Da kannst du ruhig suchen, ob du etwas findest, damit du nicht unter die Erde musst, aber wenn du lebst, dann wirst du so enden. Und die Uhr sagt dir da auch nichts anderes. Sie schert sich nicht drum. Die alten Pendeluhren sind dafür das beste Beispiel. Sie sind auf Jahrhunderte ausgelegt!

Früher war ein Tag genau ein Tag, nicht mehr und nicht weniger. Jetzt richten sich sogar die Jahreszeiten nach der elektronischen Uhr. Doch einem Huhn oder einer Kuh brauchst du nichts zu erzählen, die fallen auf so etwas nicht herein. Sie richten sich nach dem Stand der Sonne. Kühe fressen am Abend, wenn es kühl ist, nicht in der prallen Mittagssonne. Da halten sie ihr Mittagsschläfchen.

Die offizielle Zeit und ich kommen nicht gut miteinander aus. Häufig irre ich mich sogar in der Uhrzeit. Diese künstliche Zeit schafft meiner Meinung nach nur Missverständnisse. Am Schluss denkt man wie die, die sich nach dieser Zeit richten, nur damit man nicht ganz vom Leben ausgeschlossen ist. Es gibt nichts Dümmeres als um drei Uhr zum Fischen zu gehen, wenn die Ebbe um eins einsetzt. Das geht in die Hose. Wenn ich zum Beispiel um zwei Uhr Besuch bekommen soll, schaue ich auf die Uhr und sehe, es ist Mittag. Also alles in Ordnung, kein Grund zur Eile. Aber dann vergesse ich mitzurechnen. Der Besuch kommt, und wenn ich ihn dann zum Auto bringe, ist es drei Uhr nachmittags.

Daher richte ich den Blick immer auf meine Orientierungspunkte, meine Landmarken, die Felsen, die gegenüber vom Haus liegen, vor allem, wenn ich zum Fischen will. Aber zum Henker, plötzlich ist der Felsen überflutet und das war's dann. Mein Hummerloch liegt unter Wasser. Was ich damit sagen will, ist Folgendes: Seit ich mich wie die anderen Leute nach der offiziellen Zeit richte, passe ich nicht mehr so gut auf. Früher, als ich noch nicht im Ruhestand war, haben mir der Stand der Sonne und mein Magen gesagt, wie spät es ist.

Mit der Ortszeit, der wahren Sonnenzeit, haben wir Alten sogar den Besatzern Widerstand geleistet. Als die Boches 1940 hier aufkreuzten, haben sie uns auch ihre Zeit aufgezwungen. Kaum waren sie da, zack, haben sie uns auch schon eine Stunde abgezogen. Daran erinnert sich keiner mehr, doch damals hat uns das schier verrückt gemacht, gerade auf dem Land. Niemand hätte sich gedacht, dass jemand so blöd sein könnte. Wir mussten die Besatzung über uns ergehen lassen, unser Vieh an die neue Zeit gewöhnen, und als es dann auch noch die Sperrstunde gab, brach das Chaos aus: bei der Milch, beim Schlaf, bei den Hühnern, die nicht in den Stall wollten. Ich hatte also nicht die geringste Lust, mich für den Rest meines Lebens nach der Zeit der Deutschen zu richten. Es war schon schwierig genug, nach ihrem Abzug alles wieder in den Griff zu bekommen …

Der Krieg nagt an einem, auch wenn er vorüber ist. Er macht dich alt, und zurück bleibt die Angst vor dem Hass zwischen den Menschen.

Ich habe nicht die geringste Lust, mich wieder auf die Zeit der Deutschen einzustellen.

Der Meereswechsel

Ich fische gerne bei Niedrigwasser, der *basse iâo*. Wir nennen das Fußfischen oder *rocaille*. Dabei verlasse ich mich natürlich nicht auf die Gezeitentafeln. Ich schaue mir lieber die Felsen am Horizont an, *meine* Felsen. Von meinem Haus aus ist das nicht schwer, unser Grund fällt sachte zum Meer hin ab.

Das Land und der Himmel im Angesicht des Windes, da wird dein Haus zum Schiff. In La Hague könnte man meinen, man sticht von der Landspitze aus direkt in See.

Von meinen vier Wänden aus beobachte ich die Spitzen bestimmter Felsen. Sehen sie hervor, komme ich ohne Probleme zu den Hummerlöchern. Da muss man nicht mit der Gezeitentafel in der Hosentasche losstürzen, wie manche Angler es tun, quasi nach Fahrplan. Der Meeresspiegel sinkt langsam, in seinem eigenen Rhythmus.

Ich habe gelernt, wie weit der Meeresspiegel absinkt, je nach Wind und Luftdruck. Bei Hochdruck sinkt er stärker, bei Tiefdruck weniger, auch wenn die Gezeitentafeln etwas anderes sagen und die Wissenschaftler, die ihn ausgetüftelt haben.

Ein Gezeitenkoeffizient von 90 liegt dann in Wirklichkeit bloß bei 83 oder so. Wenn bestimmte Felsen dort, wo meine Hummerlöcher liegen, unter Wasser bleiben, dann weiß ich zumindest, dass die anderen Fischer die Löcher nicht entdecken werden.

Die Gezeitentafeln studiere ich mehr zum Spaß, aber

ich passe sie meinen Erkenntnissen an. Die Tafeln gehen nur nach den Mondphasen.

Auf dem Meer darf man sich nicht auf das verlassen, was man sieht oder was in irgendeinem Buch steht. Das kann nämlich täuschen. Das Leben hier auf dem Festland ist, als lebe man auf dem Meer, besonders auf der Halbinsel, auf der mein Haus steht, auf diesem kleinen Flecken Land am äußersten Ende des Cotentin. Ich beobachte und spüre die Winde schon lange vor der Flut, damit ich keine bösen Überraschungen erlebe. Die wirklich merkwürdigen Dinge passieren vor allem, wenn das Wasser ganz klar ist. Überhaupt: Je klarer das Wasser, desto trügerischer ist es. Dann sieht man bis auf den Grund des Meeres und bildet sich vielleicht ein, die Felsen seien draußen zu sehen. Das ist ein Trugbild wie die Meteore am Himmel oder eigenartige Lichterscheinungen, die sich einstellen, wenn man abends mutterseelenallein auf seinen Feldern ist. Das Wasser hat seine Tiefe. Je tiefer es ist, desto ruhiger und heimtückischer ist es. Gerade an diesen Orten verbergen sich oft unerwartete Dinge.

Dazu kommt der Nebel, der über uns herfällt und hinterhältig das Land ummodelt, deine Orientierungspunkte verbirgt. Schon hast du keine Ahnung mehr, wo du dich befindest. Darum hält man es mit dem Meer wie mit allem anderen auch. Man lernt, dem Anschein zu misstrauen. Man schreibt seine Beobachtungen auf, um sie fürs nächste Mal zu bewahren. Der Tidenhub der Tagundnachtgleiche im Herbst und im Frühling gibt einen guten Anhaltspunkt für das kommende Fischereijahr. Das Wetter zu dieser Zeit zeigt an, wie das Wetter in den folgenden Gezeitenperioden sein wird, vorausgesetzt, es gibt im Juni keine »drei Monde« (also einen Vollmond

mehr). Mein Vater nannte das einen »Meereswechsel«.
Die Gezeiten richten sich nach der Erdumdrehung. Beim
»Meereswechsel« schlägt das Wetter zwischen den Tag-
undnachtgleichen noch einmal um. Die Anziehungskraft
des Mondes lässt den Gezeitenkoeffizienten absinken,
die Seinebucht leert sich, das merkt man auch bei uns.
Die Wassermassen vereinen sich, schwellen an, kämpfen
um ihr Territorium, zumindest stelle ich mir das so vor.
Die Zeit bringt die Dinge wieder ins Lot.

Die Springtide bzw. die Tagundnachtgleiche bestimmt
letztlich auch, auf welchen Tag Ostern fällt.[*] Das Wetter,
das zu dieser Tide herrscht, hat man im Prinzip auch an
allen folgenden Tiden. Wenn der Wind zur Frühjahrstag-
undnachtgleiche stromabwärts weht, weht der Wind an
jedem Niedrigwassertag bis zur folgenden Tagundnachtgleiche im Herbst stromabwärts. Wir sagen stromauf
und stromab, weil wir uns hier am nördlichsten Punkt
des Ärmelkanals befinden. »Stromabwärts« entspricht
dem Wind, der aus Barneville kommt (also Süd- oder
Südwestwind), »stromaufwärts« dem Wind aus Barfleur
(Nordwind).

Was die anderen Tage angeht, so beobachte ich, aus
welcher Richtung der Wind kommt, und dann entschei-
de ich, was ich am nächsten Tag auf meinen Feldern tue.
Weht der Wind stromaufwärts und donnert das Meer
laut in die Bucht von Écalgrain, dann höre ich das bis
hierher und der Wind wird am nächsten Tag in südlicher
oder südwestlicher Richtung wehen: Das Wetter wird
mild. Weht der Wind stromab und bohrt sich mit Getöse
in den Raz Blanchard, dann weht er am nächsten Tag

---

[*] Es wird am ersten Sonntag nach dem ersten Vollmond nach Frühlings-
beginn gefeiert, A. d. Ü.

aus Nord-Nordwest. Weht er aber stromabwärts und ich kann hören, wie die Wellen sich an der Landspitze von La Hague brechen, schlägt er tags darauf um. Was wirklich ein Geschenk des Himmels ist. Dann lasse ich die Feldarbeit liegen und gehe zum Fischen, denn dann fällt die Tide rasant ab. Bei Südwind sinkt sie weniger schnell. Natürlich gibt es bei uns noch die *Vouétène*, einen kühlen Westwind. Dann geht die Sonne mit gelblichem Schein bei trockenem Wind unter. *Vouétène* sagt man allerdings nur in unserer Gegend hier. Du siehst den schweren Himmel und du weißt, was es geschlagen hat. Die Vouétène trocknet alles aus.

Letzten Endes kann man sagen, dass ein Wind, der schlecht ist für den Boden, das schönste Niedrigwasser macht. Andernfalls reicht der Sog nicht aus, die Strömung wird nicht genug zurückgedrängt. Das verpufft einfach.

Manchmal sind die einfachsten Dinge auch am schwersten zu verstehen, aber ein Bauer versteht sie mit der Zeit.

Eines ist hier bei uns in Auderville aber sicher: An Regen fehlt es uns nicht. Wenn es hier regnet, dann ist das gutes Wetter für mich und meine Felder.

Die Alten, also die Weisen – allerdings auch nicht jeder –, das waren früher unsere Barometer. Am Palmsonntag traten sie während der Messe vor die Kirche, um nach dem Wetter zu sehen. Während der Lesung aus dem Evangelium gingen sie hinaus, und das Wetter, das in diesem Moment herrschte, gab ihnen den Ton für das ganze Jahr an. Anschließend konnte man im Bistro, wo die Männer sich trafen, hören, wie das Wetter in den kommenden Monaten werden würde. Das Geheimnis wurde sogleich weitergegeben.

Die Weisen damals zahlten ihren Wein nicht, aber sie sprachen ihm tüchtig zu!

Der Raz Blanchard

Gischtkronen, mahlendes Packeis, reißendes Monstrum – welches Gesicht der Raz dir zeigt, bestimmt er selbst. Er saugt alles ein und wirbelt es durcheinander wie eine riesige Schleuder. Die Leute aus La Hague haben schon das Ihre erlebt, was Schiffbrüche und Schmerzen, Schreie und Tränen angeht.

Diese Strömung ist schlau, sie ist nicht wie die anderen. Den Raz Blanchard kann man nicht bändigen. Einmal lässt er dich durch, und das nächste Mal hat er keine Lust, und aus und vorbei. Falls du dir einbildest, du kannst seiner Herr werden, dann schließt er dir schnell dein vorlautes Maul.

Der Raz Blanchard ist ein wirres Durcheinander aus kurzen und langen (kurz- und langwelligen) Strömungen, die gegeneinander ankämpfen und ihn noch schneller machen. Die langen Strömungen lauern hinter den Felsen, so lange sie können, und die kurzen stürmen dagegen an. Das menschliche Auge aber sieht nur weiße Schäfchen in der brodelnden Brandung.

Der Raz ist eine Gezeitenströmung.

Manchmal ist er hell und laut wie ein Wasserfall.

Der Rückstau der Strudel und Wirbel sieht wie ein Watteband aus, ein dicker weißer Verband auf der Haut des Meeres. Denn darunter tobt und tost es. Die Wirbel wühlen sich unter Steine und Felsen, von den vorüberziehenden Schiffen ganz zu schweigen. Der Raz spielt dem Land genauso übel mit wie dem Meer. Er beeinflusst das Wetter, aber auch die Milch, die Milch deiner Kühe, die schlechter wird.

Bei uns regnet es Meerwasser! Das Gras wird von der Gischt gesalzen, und die Butter wird von selbst salzig.

Wenn der Raz auf einmal austrocknen würde, würde man allerhand Strandgut finden. Oder zumindest das, was davon übrig geblieben ist. Wahrscheinlich nicht mal die Hälfte. Wenn du ihn so anschaust, wie er gegen das Ufer anrennt und dich anbrüllt, dann bist du so klein mit Hut. Du bist nicht eingebildet, aber Angst hast du auch nicht. Er ist mit dir und gegen dich, man muss ihn nur kennen.

An der Passage, die wir *La Deroute* nennen, ist jeden Tag Krieg. Die besiegten Ströme werden geduckt.

Der Raz, der mein Leben so sehr geprägt hat, ist ein Menschenfresser.

Aber der »Fußfischer« ist auch ein reißendes Tier.

Der Felsengarten

Ich gehöre zu den Landfischern, nicht zu jenen, die gern auf Boote gehen, die Meeresfischer, die Meeresluft schnuppern, und allmählich nehmen ihre Hände und ihre Kleidung den Geruch ihrer Boote an. Zu Fuß fischen hat meine Tante Fernande dazu gesagt, die ich sehr mochte. Sie war Schneiderin und hat mir meinen ersten Anzug gemacht, ich sollte »ein hübscher Junge« sein, wenn ich zur Schule ging. Natürlich fühlte ich mich darin regelrecht eingeschnürt.

Schon als kleinen Jungen nahm sie mich mit, damit ich auf den Felsen herumklettern und den Tang absuchen konnte. Durch meine Großmutter habe ich ebenfalls Bekanntschaft mit dem Wasser gemacht, aber mehr beim Waschen. Ich marschierte über den grünen Algenteppich, während sie die Wäsche machte, und natürlich fiel ich rein. Sie erwischte mich gerade noch an den Beinchen, ich konnte ja nicht schwimmen …

Die Geschicklichkeit der alten Damen – die damals lange nicht so alt waren, wie sie aussahen – beeindruckte mich unglaublich, vor allem, wenn wir große Felsen hinaufkletterten. Sie fischten nicht wie die Männer, sie sammelten Strandschnecken und Garnelen, manchmal die bretonischen Abalonen. Auch die Krebse sind in unserer Familie Frauensache.

Wenn du die kleinen, runden Seespinnen nimmst und ihnen den Kopf abtrennst, kommt alles auf einmal heraus. Sie schmecken stark nach Schlick, gleichzeitig ist ihr Fleisch sehr fein. Man saugt ihnen die Füße aus. So vergeht bei Tisch die Zeit, und das Gebiss wird auch gestärkt.

Meine Tante aß Garnelen manchmal noch roh, gerade wie sie aus dem Wasser kamen. Sie schnitt ihnen nur den Kopf ab. Mir gab sie Napfschnecken zum Auslutschen, die sie mit einer geschickten Bewegung mit dem Messer vom Felsen löste. Und ich machte es ihr nach. Das ist ähnlich wie beim Brombeerpflücken, da steckst du dir auch zwischendrin eine in den Mund.

Und die Frauen mischten sich nie in Männerangelegenheiten.

Mit dem Meer haben uns trotzdem die Frauen vertraut gemacht. Wie mit der Erde auch. Bis ich etwa zehn Jahre alt war, bin ich den Frauen unserer Familie immer an der Schürze gehangen. Sie haben mir beigebracht, wie man melkt, harkt und das Getreide zu Garben bindet. Als ich dann älter wurde, übernahm mein Onkel meine Erziehung. Er hat mir gezeigt, wie man mit Angelhaken umgeht und all das. Er hat mir sein Territorium vermacht. Aber der Geschmack am *iâo*, am Meerwasser, der kommt von meiner Tante und meiner Großmutter. Die ihr Territorium im Übrigen an die Schwestern übergeben haben.

Die Ebbe macht mich ganz kribbelig. Sobald das Wasser sich zurückzieht, lasse ich das Ufer nicht mehr aus den Augen, wenn ich auf meinen Feldern da oben arbeite. Ich habe schon aus alter Gewohnheit einen Blick für die Felsen, die dann sichtbar sind, und habe mir daraus so eine Art Landkarte gemacht.

Diese Landkarte, die alle alten Leute haben, werde ich früher oder später an die Jungen weitergeben. Dann werde ich ihnen erzählen, wie ich im Abstand von zehn Jahren zwei Frachtschiffe über die *Greunes* habe schrammen sehen. Die *Greunes* sind mehrere Felsen unter Wasser, einer hübsch hinter dem anderen. Die Spitzen sind selten sichtbar, meistens verdeckt sie die Gischt des Raz mit ein paar Handbreit Wasser. Man könnte fast sagen, dass sie sich unter der Flut verstecken. Niemand kann sie sehen, man muss raten, wo sie sind.

Ich war beide Male auf meinen *côtis*, auf den hoch über dem Meer gelegenen Feldern, als die Frachtschiffe um die nordwestliche Spitze von La Hague kamen. Aufgrund des hohen Wellengangs war ihr Schiffsbug danach wohl ziemlich sauber. Obwohl so viele Jahre dazwischen lagen, sah alles total gleich aus. Ich hatte fast das Gefühl, die ganze Zeit dort gestanden zu sein. Wie in einem Film, der immer wieder von vorn anfängt. Die beiden Schiffe haben sich aber gut aus der Gefahrenzone hinausmanövriert und sind dann doch noch an den Felsen vorbeigekommen.

Die *Greunes* geben einem manches zu lachen, wenn man so als einfacher Bauer auf seiner Scholle sitzt!

Was die Namen der einzelnen Felsen angeht, hat man mir immer erzählt, dass der *Alizée*-Fels nach einem Segelboot benannt ist, das sich an ihm die Schnauze gestoßen hat.

Die Felsen können einem genauso viel erzählen wie die Bücher, die man liest. Oder zumindest wie das, was man dir erzählt, denn meist verändert der Schreiber die Geschichte ja irgendwie.

Meine »Löcher«

Wenn man am Atlantik fischt, interessieren natürlich die Hummerlöcher. Ich nenne sie *tôtons*. Wenn ich wieder so ein Vieh gefangen habe, komme ich nach Hause und sage zu meinen Schwestern:
»Schaut mal, den habe ich in dem oder dem Loch gefunden.«
Die beiden verstehen meinen Jargon natürlich. Beim Hummersuchen waren sie nie dabei, aber sie könnten die Löcher sicher beschreiben: langgezogene Becken von fast zwei Metern Tiefe unter einzelnen Felsbrocken von der Länge und Breite eines Sofas. Die »Löcher« dort trocknen nie ganz aus.
Meist handelt es sich einfach um Felsspalten. Natürlich sind die Stellen bei La Biroule beim Hafen von Goury auch nicht schlecht, aber das ist nicht meine Ecke.
Meine Ecke liegt woanders. Sie trocknet ein bisschen aus, vor allem zur Frühlingstagundnachtgleiche, wenn der Tidenhub am größten ist (*Grande Marée*).
Wenn ich an meine Stelle komme, liegt die von meinem Bruder Augustin oft gar nicht frei. Wir wechseln uns beim Sammeln ab, da der Wasserstand an unseren Löchern so verschieden ist. Mein Bruder hat seine Ecke von unserem Vater, meine stammt von meinem Onkel.
Ich habe ganz schön lange gebraucht, bis ich sie richtig kannte, und das, obwohl mein Onkel sie mir gezeigt

hatte. Ich nehme niemanden dorthin mit. Nur einmal waren die Kameraleute für den Film dabei, der meinen Berufsstand und unseren Landstrich hier bekannt gemacht hat. Aber damals war es neblig. Außerdem habe ich sozusagen im Trüben gefischt, denn das waren gar nicht meine Löcher. Ich habe die Kameraleute nach Fosset mitgenommen. Die Familie ist schon lange ausgestorben, und wenn die, die ihr Land geerbt haben, nicht da sind, gehe eben ich die Hummerlöcher ab. Aber nur dann, darauf passe ich immer auf. Das ist eine Sache des Anstands, so bleibt man immer in guter Beziehung.

Eines Tages habe ich einen »Auswärtigen« dabei erwischt, wie er in meiner Ecke herumsuchte. Ganz nahe bei meinem Hummerloch. Auf meinem Sofafelsen steht einer. Ich habe zwar keine besonders guten Augen mehr, aber das war in dem Fall auch nicht nötig! Das Herz schlug mir bis zum Hals vor Aufregung. Wenn der Gelegenheitsfischer jetzt vom Felsen herabsteigen würde und in den Löchern darunter herumstocherte, würde er das Hummerloch entdecken. Das allerbeste in der ganzen Gegend. Glücklicherweise wächst der Tang dort recht dicht, sodass man die Löcher nicht auf den ersten Blick sieht. Außerdem ziehe ich den Tang immer wieder richtig hin, wenn ich einen Hummer herausgeholt habe. Und zwar auf den Millimeter! Was ich nicht weiß, macht mich nicht heiß!

Ich wartete darauf, dass er abhaute. Sobald er sich leise davongeschlichen hatte wie ein Dieb, fing ich an, in meiner Höhle herumzustochern und zack, schon hatte ich einen fünfpfündigen Hummer erwischt! Damit wollte ich ihn natürlich nicht überholen, ich wollte ihn loswerden und vor ihm an meine anderen Löcher kommen. Aber der Typ war neugierig, und so steuerte er direkt auf mich zu. Dabei hatte ich nicht die geringste Lust, mit ihm zu plaudern.

»Hast du was gefangen?«

»Nein, nichts Besonderes.«

Er kam näher und versuchte, in meine Kiepe zu spähen:

»Da drin werkt aber jemand ganz schön rum, mein Lieber!«

Da hatte er recht. Der Hummer schien sich der Protestbewegung angeschlossen zu haben. Anscheinend schmeckte ihm das Leben in Gefangenschaft nicht besonders. Und der Typ wich mir nicht von der Pelle. Er musterte die Kiepe genau, aber den Hummer konnte er nicht sehen und ich würde ihm bestimmt nichts sagen. Doch ich nutzte den Überraschungseffekt. Ich ließ den Kerl einfach stehen und ging ohne ein Wort weiter. Da zog er endlich ab.

Von den Löchern der anderen lässt man die Finger. Das ist, als wäre man wo eingeladen. Du setzt dich hin und breitest ordentlich deine Serviette aus. Wenn das Gleichgewicht in einem Hummerloch gestört wird, stirbt dort alles ab. Also dreht man einen Stein um, sucht und legt den Stein dann genauso wieder hin wie vorher.

Meine Löcher sind immer vom Tang verdeckt, nur im Februar nicht. Da reißen ihn die Stürme mit. Wie die Bäume verliert die Pflanze die Blätter, um sich zu regenerieren. Acht oder fünfzehn Tage, bevor das Gras kommt, treibt der Tang aus. Darauf kann man sich verlassen. Das Gras folgt unweigerlich nach.

Ich vergleiche oft das Gras und den Tang miteinander, Erde und Meer, alles ist Natur. Ein Büschel Gras ist für mich wie ein Büschel Tang. Der Tang ist das Gras des Meeres.

Wenn die Wellen hoch schlagen und das Meer kabbelig wird, dann wird die Hummerjagd für einen wie mich, der nicht schwimmen kann, gefährlich. Aber auch wenn die See glatt ist, heißt das erst mal gar nichts. Die scheinbare Ruhe dauert höchstens einen Augenblick, das Meer holt Luft, es holt Atem in der Tiefe. Du stehst ruhig und sicher auf deinem Felsen. Du hebst einen Stein an und willst sehen, ob du darunter etwas findest. Aber schon kommen die beiden nächsten Wellen, und wenn du dann noch auf deinem Stein stehst, dann ziehen sie dir die Füße weg. Du verlierst das Gleichgewicht und platsch.

Das Meer bewegt sich immer in Dreierschritten, drei Wellen wie der Himmel, die Erde und das Wasser.

Ein Morgen am Meer

Eines Tages bücke ich mich, um ein Hummerloch von etwa einem Meter Tiefe zu inspizieren, und platsch, schon liege ich im Wasser mit meinem schönen neuen Pullover, den mir Françoise gestrickt hat. Gleich nach dem ersten Spaziergang ist er voller Salz. Sie hat ganz schön gemeckert! Nach meinem Sturz machte ich die Augen auf und sah im Wasser über mir meine Mütze und meinen Hummerhaken. Das Wasser war wie ein durchsichtiger Sarg. Das kalte Wasser hat mich wieder zu Bewusstsein gebracht. Ich habe von dem Schwächeanfall nichts erzählt, mir tat es so leid um meinen Pullover.

Zu jener Zeit schlief ich vor lauter Arbeit nicht mehr gut. Das war unmittelbar, bevor mein Vater gestorben ist. Ich machte Doppelschichten, tagsüber an Land, nachts am Meer.

Ein kleiner Ausflug zum Fischen, bevor der Morgen graut, das stärkt dich für den ganzen Tag, aber der Körper muss sich daran erst gewöhnen. Und ich konnte einfach nicht anders, ich musste raus, obwohl mir die Feldarbeit vom Tag davor noch in den Knochen saß.

An einem Tag im Frühling, als mein Vater noch lebte, war ich mit ihm draußen. Plötzlich ruft er:

»Ein Hummer. Rühr dich nicht. Schau, er ist genau unter dir.«

Aber wie ich auch schauen mochte, ich sah nichts. Ich rührte mich keinen Millimeter, meinem Vater gehorchte man besser. Und so blieb ich wie ein Standbild stehen, die Füße im Wasser. Sehen konnte ich trotzdem nichts. Dann spürte ich einen Stoß gegen meinen Stiefel und zack! Ich bückte mich und nahm ihn auf. Ein Riesenvieh. Einer meiner besten Fänge, aber nicht eine meiner besten Geschichten.

Wenn du mit dem Haken in seinem Loch rumstocherst, dann wehrt sich der Hummer gegen dich. Doch das Männchen muss seinen Pflichten nachkommen. Damit meine ich: Er ist hinter den Weibchen her. Dazu muss er raus aus seiner Höhle. Deshalb kann man sie manchmal, wie ich damals, mit der bloßen Hand fangen. Man steht da wie eine Salzsäule. Die kleinen Halbpfünder sind ja schnell wie der Blitz, die flitzen davon wie der Teufel – schwupp! Aber die alten sind wie alle alten Leute, sie rühren sich nicht mehr so viel. Sie sind größer, stelzen elegant durchs Wasser und träumen ein bisschen. Du bückst dich und packst sie, aber aufgepasst, du musst schon achtgeben, wo du sie nimmst, denn ihr Schwanz ist voller harter Stacheln und wenn du sie dort greifst, bleibst du dran hängen. Wenn du hingegen mit dem Haken in der Höhle nach dem Männchen fischst, kämpft er mit dem Ding: klack, klack! Er verteidigt sein Loch und sein Weibchen, bis du ihn packst. Das Weibchen hingegen kneift nur einmal zu: klack. Und kein zweites Mal. Aber sie ist listig. Wenn du sie nicht gleich beim ersten Mal erwischst und sie ihre Gegenmaßnahmen getroffen und ein großes Loch gegraben hat, um sich darin zu verkriechen, dann kannst du da stundenlang stehen und mit deinem Haken stochern – daraus wird nichts. Am besten kommst du am nächsten Tag noch mal wieder.

Die Schale des Männchens ist manchmal so glatt, dass es dir wieder aus der Hand rutscht. Dann musst du zusehen, dass du es sofort wieder schnappst, denn es hält sich am Tang fest und huscht flink darunter. Wie ein Tänzer bewegt es sich und hopp ist es weg. Die kleinen Biester sind ganz schön gerissen. Und misstrauisch! Einer hat mir mal einen Fingernagel entzweigekniffen. Er kam aus der offenen See hinter mir. Ich watete ins Wasser und zog ihn heraus. Als er mich zwickte, warf ich ihn vor Schreck hoch in die Luft und weg war er. Aber ich brauchte nur einen Augenblick, um mich zu besinnen. Ich sah mich um, da lag er weiter hinten in einer Pfütze. Trotz meines schmerzenden Fingers habe ich mich auf ihn gestürzt. Später habe ich ihn dann voller Genuss gegessen.

Als ich ein andermal so ein armes Tier aufsammle, stelle ich mit einem Mal fest, dass unter ihm das Weibchen hockt. Ich hatte sie nicht gesehen, und sie hat es mir ordentlich heimgezahlt. Krack, hat sie sich meine Finger geschnappt und den stachligen Unterleib dagegengepresst. Das hat vielleicht wehgetan.

Die Weibchen haben zwei kleine, weiche Punkte am Ende des Hinterleibs, die bei den Männchen hart sind. So kann man sie auseinanderhalten.

Taschenkrebse – die bei uns *cllopoing* heißen – fange ich, indem ich am Stiel meines Hummerhakens horche. Zuerst klopfe ich mit dem Haken gegen sein Felsenloch, aber natürlich meldet er sich nicht. Taschenkrebse sind nicht sehr höflich. Sie bitten dich nicht herein. Du stocherst ein wenig rum und dann legst du das Ohr an das Ende des Stiels, als wäre der Haken ein Stethoskop. Er versucht nämlich, durch den Sand darunter zu entkommen. Und wenn du ihm sagst, dass der Onkel Doktor da ist, dann will er davon erst recht nichts wissen und haut ab! Und das Geräusch hörst du dann: krick, krick, das knirscht. Die Vibrationen kann man hören. Und wenn ich höre, dass der Krebs sich einbuddelt, fange ich meinerseits an zu graben! Wenn dich ein Taschenkrebs mit seinen Scheren erwischt, kannst du deinen Finger vergessen. Wenn er dich mal hat, lässt er so schnell nicht wieder los. Freilich, wenn du ein wenig wartest, verliert er den Spaß an der Sache. Doch bis dahin ist dein Finger ein Stück kürzer. Das kannst du dir dann im Krankenhaus wieder annähen lassen. Das ist natürlich ein Scherz, denn wenn dir das passiert, stehst du irgendwo draußen auf einem Felsen und das Krankenhaus ist dreißig Kilometer weit weg. Also: adieu, Finger!

Mit den Angelhaken ist das anders. Wenn ich an der Angel hing, wie es auch vielen anderen, Erwachsenen und Kindern, passiert ist, dann bin ich auf mein Moped gestiegen und ab zum Doktor in Beaumont-Hague, dreizehn Kilometer von hier, den Finger ins Taschentuch eingewickelt. Der Wind schlug einem auf der Fahrt ins Gesicht. Und wenn man dann ankam, ließ einen der Onkel Doktor auch noch im Wartezimmer sitzen.

»Monsieur Bedel, ich komme gleich wieder. Ich muss zu einem Kollegen.«

Dabei wusste jeder, dass er zum Hufschmied ging, um sich von ihm eine Zange zu borgen! Eine gebogene Zange. Den Namen habe ich vergessen. Mit der konnte man den Angelhaken mit einer kreisförmigen Bewegung herausziehen, ohne dass allzu viel Fleisch daran hängen blieb. Der gute Doktor hat ziemlich viele Hände gerettet.

Und sobald ich wieder hergestellt war, wartete ich schon auf die nächste Ebbe.

Meine Trophäe

Ein ordentlicher Tidenhub für den Monat Juni, also nichts wie raus zum Fischen. Ich wate ein wenig durchs Wasser, um zu meinen Fischgründen zu kommen. Dabei werde ich ziemlich nass, darum stelle ich mich auf einen Felsen, um nicht völlig aufzuweichen. Trotzdem reicht mir das Wasser bis zu den Knien. Ich klopfe auf das Loch, wie ich es immer tue. Der Hummer kommt heraus und verschwindet wieder im Loch, drei Mal hintereinander. Lieber Himmel, der ist ja riesig! Ich packe ihn, aber dafür muss ich ganz schön die Finger spreizen, mehr als je zuvor. Ein kleiner, wendiger Hummer wäre längst abgehauen, aber der ist langsam, wirklich langsam. Ich falle ins Wasser, aber ich schnappe mir das Tier und dann renne ich damit zu den Felsen. Ich muss einen seltsamen Anblick abgegeben haben, zum Glück hat mich niemand gesehen. Für den wäre ich sogar den Seemannstod gestorben.

Ich will ja nicht herummäkeln, aber ein Männchen von dieser Größe hätte auch ordentlich große Scheren, und ich mag beim Hummer nun mal die Scheren am liebsten! Aber gut, es ist ein Weibchen und die Scheren sind auch nicht von schlechten Eltern! Außerdem haben die Männchen kein so feines Fleisch wie die Weibchen, so viel ist sicher.

Glücklicherweise begegnet mir niemand, sonst hätte jeder gleich mein Loch gekannt. Und was für eine Werbung dieses Riesending gewesen wäre!

Und was noch gut ist: Ich bin vor dem Hummer nicht auf Krebse gegangen, sonst wäre es in der Kiepe eng hergegangen und ich hätte die Krebse wieder aussetzen müssen. Ich musste den Hummer ohnehin ein wenig stauchen, so groß war er. Wenn sie leben, lassen sie sich noch ein klein wenig biegen. Das ist wie bei den Menschen. Die werden auch mit der Zeit krumm. Wenn die Hummer tot sind, geht das gar nicht. Dann bricht der Panzer einfach.

So kam ich also mit meinem Hummer auf dem Rücken nach Hause. Und was man nicht für möglich gehalten hätte: Er war wirklich lecker. Später habe ich ihn mit Gips ausgegossen. Ich habe ihm quasi eine unsterbliche Hülle gegeben und ihn wie eine Trophäe auf ein Stück Treibholz genagelt. Gut schmecken wird er wahrscheinlich jetzt nicht mehr ... Ich habe meine Fantasie angestrengt und das Brett mit ein paar »Meeresflöhen« verziert, Schalen einer Muschel, die man bei uns nur an einer Stelle findet, unter den Felsen relativ weit draußen. Ich weiß nicht genau, wo sie herkommen, aber sie sind sehr hübsch, fast wie Korallen. Da ich seit jeher das Gefühl habe, ein alter Esel zu sein, dem Tiere und Menschen überlegen sind, habe ich darüber »P. B.« geschrieben: *Pauvre Bête* (Armes Vieh) oder *Paul Bedel*, je nachdem, wie man es lesen will. Da ist eins so gut wie's andere.

Dass ich mir wie ein Esel vorkomme, ist schon eine alte Gewohnheit. Ich meine einfach, den anderen unterlegen zu sein. Ich »glaube« nicht an mich.

Diesen Hummer habe ich durch reinen Zufall gefangen. Es war der größte in meiner Laufbahn als Hummerfischer. Ich war deswegen nicht besonders stolz. Warum auch? Es war einfach ein Spaß, und dieses Mal mussten die Schwestern nichts anderes essen, zum Beispiel Schnecken. Wir haben richtig geteilt!

Aber bei uns wird sowieso immer alles geteilt.

Ich habe zuvor noch nie einen so großen Hummer gesehen. Er wog acht Pfund. Ich habe ihn mit den Steinen gewogen, die wir zum Butter-Auswiegen nehmen und die auf das Gewicht von Kupfer geeicht sind.

Ein Riesenvieh. Ich habe es im Dorf nicht herumgezeigt, aber es hat sich trotzdem herumgesprochen.

Das Täuschungsmanöver

Wenn Niedrigwasser kommt, büxe ich gerne aus und gehe heimlich ans Meer, statt auf dem Feld zu arbeiten. Ich habe ein paar Angelhaken in der Tasche verschwinden lassen. Was ich nicht weiß, macht mich nicht heiß. Die Mädels haben keine Ahnung, dass ich fischen gehe. Hätte ich die Kiepe und den Hummerhaken genommen, wäre ich aufgeflogen und die Schwestern hätten gemault. Ich habe ein bisschen gearbeitet, auf dem Rübenfeld Unkraut gejätet, und dann bin ich über die Felder abgehauen. Etwa fünfhundert Meter, mehr nicht. Ich habe mich beeilt, damit ich die Ebbe erwische. Dann habe ich acht Haken ausgelegt und bin wieder zum Jäten.

Am nächsten Tag war Sonntag, da musste ich nicht aufs Feld und stand nicht unter der Aufsicht der Schwestern. Da habe ich meine alte Kiste genommen, einen SIMCA 1100. Das war Eingebung, denn normalerweise fahre ich am Sonntag nicht mit dem Auto. Als ich zum Strand hinunter bin, sah ich an einem meiner Haken einen riesigen Kabeljau hängen, dessen Schuppen im Licht schimmerten. Ich hatte es zwar eilig, schaute aber trotzdem noch schnell bei meinen Meeräschentümpeln vorbei. Dort habe ich mir acht geschnappt, damit ich die Angelhaken wieder mit einem Köder bestücken konnte. Am nächsten Tag würde ich wieder heimlich zum Angelplatz schleichen und so Zeit sparen. Man muss schließlich vorbauen!

Erst dann machte ich mich auf zu meinem Fang. Was für eine Überraschung: ein riesiger Wolfsbarsch! Ich bin nicht allzu groß, aber der Fisch reichte mir in der Länge bis zur Hüfte. Ich öffnete den Kofferraum. Was für ein Glück, dass ich mit dem Auto gekommen war. Den Fisch jetzt tragen zu müssen, wäre eine echte Strafe gewesen. Ein Typ aus dem Dorf hat mich gesehen, und so habe ich ihm meinen Fang gezeigt. Ich musste mir das Lachen verkneifen, als er sagte:

»Ein schöner Fisch! Ich glaube, ich habe auch ein oder zwei Mal so ein Riesenvieh gefangen!«

Ja ja, ein unglaubliches Vieh.

Mein Barsch wog satte vierzehn Pfund und schleifte beim Tragen über den Boden. Meiner Mutter und meinen Schwestern sagte ich, es sei ein »Sonntagsbarsch«. So bekamen sie nicht mit, dass ich die Angelhaken schon am Vortag ausgelegt hatte. Immerhin hätte ich ja auf dem Feld arbeiten müssen.

Außerdem macht sich niemand groß Gedanken, wenn man so ein Vieh nach Hause bringt. Ich war sozusagen von der Feldarbeit desertiert, das nennen wir daheim »Büxen-Fischerei«.

Und es macht wirklich Spaß!

So ein kleines Täuschungsmanöver gibt einem ein Gefühl von Freiheit. Niemand sitzt dir im Nacken, und eine Belohnung gibt es auch noch.

Auf jeden Fall schmeckt es nach mehr.

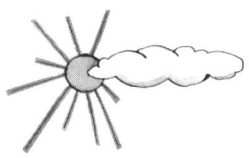

Es gibt ja nicht nur Hummer!

Natürlich beschränkt sich die Fischerei bei uns nicht nur auf Hummer und Krebse. Es wird auch mit der Leine gefischt, die man bei Niedrigwasser auf einem kleinen Kiesstrand auslegt.

Zu diesem Zweck breche ich schon nachts mit dem Moped auf. Allerdings lasse ich das gute Stück erst weiter weg vom Haus an, damit ich die Schwestern und unsere Nachbarn nicht aufwecke. Als junger Mann schlief ich sowieso kaum, ich stürzte mich in die Arbeit, um nicht über mein Leben nachdenken zu müssen. Ich war immer noch nicht darüber hinweg, dass ich die junge Frau nicht geheiratet hatte, die so weit weg wohnte. Oder die andere, die ich nicht gefragt habe, weil ich dachte, mein Vater würde seine Einwilligung nicht geben, und dann hat ein anderer sie mir weggeschnappt. Also holte ich aus Meer und Erde alles heraus, was ich nur konnte, und das wog alles auf.

Aber man hat nur ein Leben, und so wenig zu schlafen war nicht gut. Eines Tages wäre ich fast ertrunken, weil ich plötzlich ohnmächtig wurde, und ein anderes Mal, weil es so neblig war. Der Leuchtturm blökte seit dem Morgen, und als ich am Ufersaum ankam, wurde ich unruhig. Ich war wohl hundert Meter zu weit gegangen und war längst über den Platz hinaus, wo ich die Leine mit zwei Schwimmern ausgelegt hatte. Einen Schritt weiter und, verdammt noch mal, ich wäre mitten im Ozean gelandet! Ich hatte mich getäuscht. Hätte ich noch einen Schritt gemacht, hätte ich das Gleichgewicht verloren und wäre dringelegen. Besonders klug ist es nicht, mitten in der Nacht fischen zu gehen. Fast wäre ich dort geblieben! Hinter dem Tümpel wäre ich abgesoffen und der Raz Blanchard hätte mich mitgerissen, denn die Tiefenströmung ist dort stark, und wenn die Stiefel erst mal vollgelaufen sind!

Kaum hatte ich mich wieder einigermaßen unter Kontrolle, sah ich mich nach Augustes Laterne um. Wir waren zwar gemeinsam losgefahren, aber mein Bruder war in seiner Ecke. Ich brüllte laut seinen Namen, um herauszufinden, wo er denn steckte, der Hornochse. Nach der Panik um mein Leben packte mich die Angst um ihn. Schließlich hörten wir uns, aber der Schreck war uns ganz schön in die Glieder gefahren. Wenn du selbst fast abgesoffen wärst, hast du das Gefühl, deinen Lieben könnte noch was Schlimmeres zugestoßen sein.

Als ich bei ihm war, zitterte ich wie Espenlaub.

Ich fische also nicht nur selbst vom Felsen aus, sondern lege auch Leinen aus, die man bei uns *bêlaée* nennt. Drei zu je fünfzig Metern nebeneinander bringen das beste Ergebnis. Dann sammle ich *glluettes*, kleine Fische von höchstens einem Zentimeter Länge, die einen kleinen Saugnapf am Bauch haben. Damit saugen sie sich an Felsen und Steinen fest, aber längst nicht an allen. Als ich zum ersten Mal meine Leinen ausgelegt habe, habe ich zweiunddreißig Angelhaken daran befestigt und neunundzwanzig Seelachse gefangen.

Mein Vater hat das noch anders gemacht. Er befestigte seine *bêlaées* an einer Art selbstgebasteltem Floß. Es war ein dreieckiges Stück Holz von etwa fünfzig Zentimetern Seitenlänge mit einem Mast und einem rechteckigen

Segel. Wenn er es unter den Arm nahm, glaubte ich immer, er wolle endlich einmal mit mir spielen.

Von wegen! Er befestigte die Leine an einer Seite und wenn der Wind konstant aus einer Richtung blies, ließ er das »Boot« los, sodass es auf dem Meer tanzte. Auf der anderen Seite wurde es an einem Felsen festgebunden, einem *tchu*. Zwei Stunden später holte man es wieder ein. Der Seelachs beißt vorzugsweise nachts, daher war es stockfinster, wenn wir die Leine wieder einholten.

Mein Vater und mein Onkel hatten beide so ein »Boot« mit einem »Großsegel«.

Mit den *bêlaées* zu fischen ist nicht schwer. Trotzdem ist es eine Kunst für sich. Man muss dafür sorgen, dass die Leine an der Meeresoberfläche schwimmt und nur ganz wenig absinkt. Der Seelachs folgt nämlich verschiedenen »Straßen«, er nimmt zum Auf- und Abtauchen nie denselben Weg zwischen den Felsen. Und wenn du die Leine dort auslegst, wo er abtaucht, hast du Pech, denn dann hat er keinen Hunger und deine Köderfischchen interessieren ihn nicht. Erwischst du ihn aber, wenn er noch Hunger hat, dann fängst du den Vielfraß mit Leichtigkeit.

Ist die Dünung zu stark, steigt der Fisch nicht auf, sondern bleibt am Grund. Der »steigende Wind«, der aus dem Norden kommt, schließt den Fischen das Maul. Dann beißen sie nicht. Kommt er aus dem Süden, dann beruhigt er sie. Dann ist alles gut. Der Wind öffnet den Fischen ebenso das Maul wie den Leuten! Und das Barometer steht auf »schön«.

Für die Würmer habe ich natürlich auch so meine Ecken unter ganz bestimmten Steinen. Die kratze ich mit einem flachen Stück Altmetall ab, das ich mir selbst zu einem Haken gebogen habe. Unter den Steinen suche ich die gelbe Spur der Würmer, das Sekret des Tauwurms. Der Tauwurm ist so halbweich. Aber der stabilste Köder, der beste und der seltenste, ist der *sandao*. Das sind große Würmer, die ich hier unter dem Kies ausgrabe, und diese Stelle verrate ich keinem. Die Rotwürmer sind da gar nichts dagegen, sie sind viel zu weich. Um den *sandao* auszugraben, gehe ich bei Ebbe an den Strand, wenn das Wasser zurückfließt. Aber ich vergesse nicht mehr, rechtzeitig zu verschwinden, Teufel noch mal! Kaum drehst du dich um, ist das Meer wieder da. Gerade wenn der Tidenhub hoch ist, dann zieht sich das Wasser viel weiter zurück als sonst, aber ebenso schnell ist es auch wieder da. Wenn das Meer Niedrigwasser hat, schnappst du dir die großen Lippfische, die beißen nur am Grund. Du hast ein Tangloch zwischen zwei Felsen, um deine Leinen festzumachen. Wenn die Leine zu hoch sitzt, hast du verspielt, denn dann hat sie keinen Schutz von den Felsen und du kannst sie verlieren. Im Meer sind die Felsen wie Hecken. Sie schützen vor der Strömung.

Regenwürmer habe ich zum Angeln noch nie genommen, aber ich habe mir geschworen, es eines Tages zu versuchen.

Um den Seebarsch zu fangen, brauchst du Meeräschen. Ernsthaft. Die findest du in den Tümpeln zwischen den Felsen. Oder Sandaale. Bei uns muss der Wind von Westen kommen, damit man Seebarsche fangen kann. Der Ostwind ist, wie ich schon gesagt habe, gut fürs Meer, aber nicht fürs Land. Bei Ostwind brodelt das Meer, die Fische beißen eher, und man erwischt sie leichter, weil sie den Haken und die Leine nicht sehen. Der Ostwind wühlt den Meeresboden auf. Das merkt man auch bei den Brunnen. Das steht ja alles in Verbindung. Ich weiß immer, ob Ostwind kommt, da brauche ich nur in meinen Brunnen zu horchen. Das grummelt dann da drinnen, als säße dort ein Ungeheuer, das unbedingt raus will.

Das Meer essen

Nach ein paar Stunden Fischen komme ich nach Hause und die Schwestern warten schon neugierig, was ich dieses Mal mitbringe. Früher waren es meine Mutter und mein kleiner Bruder, die in meine Kiepe sahen. Wir essen unseren Fang, einfach so, ohne Mayonnaise oder Sauce. Manchmal holt Marie-Jeanne, meine jüngere Schwester, die Schnecken mit einer Nähnadel aus ihrem Haus. Das dauert Stunden, und am Ende hast du doch nur einen Happen zu essen. Sie brät die Schnecken in einer Pfanne, in der sie vorher eine Zwiebel in Butter goldbraun angebraten hat. Das dauert höchstens fünf Minuten. Aber es schmeckt!

À la nature allerdings bleibt der ganze Geschmack erhalten.

Meine Schwester soll keine Meerestiere essen. Sie musste einmal eine Computertomografie machen lassen, bei der man ihr Jod verabreichte. Danach hatte sie eine Allergie. Künstliches Jod, stell dir mal vor. Hinterher hat sie sich am ganzen Leib nur noch gekratzt. Kein Wunder!

Ich esse von den Fischen gern den Kopf. Bei den Hasen mag ich das nicht. Die Hasenköpfe wandern in den Abfall. Wenn meine Nichte sieht, wie die Fische kochen und die Köpfe aus dem Kochwasser kommen, ruft sie immer: »Das kommt in den Abfalleimer!«

Nur bin ich in diesem Fall der Abfalleimer.

Da lasse ich mich nicht lange bitten. Vor allem die

Augen esse ich gerne, ein echter Leckerbissen. Seelachsaugen, aber auch alle anderen Fischaugen. Das harte Stück lasse ich übrig, das gebe ich der Katze. Ich sauge nur die weiche Masse aus. Die Katze setzt sich ruhig auf ihren Hintern und wartet. Wenn sie dann sieht, dass ich die Hand vor den Mund halte, schleicht sie ran. Ich lasse nicht einmal die Reste auf dem Teller, die Krebspanzer, die Knöchelchen und Gräten. Für mich ist das das Beste an Fisch und Meeresfrüchten.

1950 kam einmal ein Freund meines Vaters zu Besuch und trank mit uns Kaffee. Da erzählte mein Vater, dass sie 1944 im Krieg im Hafen von Cherbourg einen toten Deutschen gefunden hatten, dem die *calicocos*, die Wellhornschnecken, die Füße abgenagt hatten. Die Tiere saßen in zwei großen Haufen auf ihm. Als sie ihm die Stiefel auszogen, war von den Füßen nichts mehr da.

Nach dieser Geschichte wollte ich keine Schnecken mehr essen. Doch die Fischer und die Leute von der Seenotrettung wissen das: Wenn man eine Wasserleiche findet, haben die Tiere immer die Weichteile gefressen, Augen, Gehirn und so weiter ... Der Mensch hat nun einmal viele weiche Stellen.

Letztlich bin ich nicht besser als diese Viecher. Auch ich fange bei den Augen an, aber es ist doch nicht dasselbe!

Damit man das Meer essen und ein guter Fischer werden kann, gibt es ein paar Tricks. Wenn du am Eingang zu deinem Hummerloch einen Meeraal findest, ist ganz sicher ein Hummer drin, der seinen Panzer abwirft. Das hat mir mein Vater immer versichert. Der Meeraal wartet, um ihn ohne Schale zu schnappen, ja, er will ihn fressen. Ich habe selbst auch schon Hummer ohne Panzer gefangen, das ist ein seltsames Gefühl, wenn man sie anfasst, aber sie schmecken sehr gut. Tragen Krebse und Hummer jedoch Eier unter dem Bauch, lässt man sie wieder laufen. Einmal haben uns sogar Gendarmen auf dem Parkplatz kontrolliert. Wir haben alle unsere Kiepen zeigen müssen. Sie wollten wissen, ob wir auch ja keine eiertragenden Weibchen dabei hätten. Dann sollten wir noch ins Röhrchen blasen. Ich konnte mir einen Witz natürlich nicht verkneifen:

»Ich muss erst die Brille absetzen.«

»Wieso?«, fragt der Gendarm und runzelt die Stirn, während ich so tue, als fände ich das Gestell auf der Nase nicht.

»Weil das dann zwei Gläser weniger macht!«

Auguste, mein Bruder, hat sich gar nicht mehr eingekriegt vor Lachen. Danach meinte er:

»Pass bloß auf, früher oder später lochen sie dich noch ein.«

Einmal haben wir nach einem Schiffbruch den großen Überseekoffer des Kapitäns am Strand gesehen. Ein Kerl kam, packte ihn und versteckte ihn auf seinem Wägelchen, das von einem Esel gezogen wurde. Wir wussten, dass etwas Wertvolles drin sein musste, wahrscheinlich Banknoten, aber wir waren ja so dumm damals, wir haben uns nicht getraut zu fragen. Als der Kerl an uns vorbeiging und uns sozusagen der Speichel aus dem Mund lief, winkte er uns nur zu und meinte:

»Hallo, Jungs. Scheißwetter, nicht wahr?«

Da saßen wir und hielten Maulaffen feil, während er mit dem Geldkoffer an uns vorüberzog! Wir hätten aufstehen und den Tang beiseite ziehen sollen, dann hätten wir wenigstens gewusst, was drin war, und nicht ein halbes Jahrhundert darüber reden müssen.

Später prahlte er mit einer Taschenuhr aus Gold. Da

alles geheim war, sagte niemand etwas, aber jeder wusste Bescheid.

Ich bin kein Schatzsucher, ich gehe nur auf Hummer und Barsche. Solch einfachen Sachen machen einen glücklich. Das macht nicht groß was her, aber das Meer zu essen, das lernt man im Laufe eines Lebens.

Einfach abtreten

Die Schwestern sind ja recht verschwiegen, aber sie kennen alle Geschichten aus dem Dorf, vor allem die von den Schiffbrüchen. Jeder hat schon einmal nach einem Sturm kleine Treibgut-Schätze am Strand eingesammelt. Einige der Alten – damit meine ich die, die damals so alt waren wie ich jetzt – holten ihre Butter, die wir bis 2004 auf dem Hof verkauft haben, auf Tellerchen mit der Aufschrift *Prince Line* ab, die bei einem Schiffbruch angeschwemmt worden waren. Hier wird alles aufgehoben. Die Geschichte unseres Landstrichs ist den Dingen eingeschrieben. So bestehen beispielsweise die Fensterläden an meinem Haus oder ein paar von den Einzäunungen aus Fundholz. Welches Schiff gekentert ist, kann man an den Buttertellern ablesen. Man glaubt das heute ja nicht mehr, aber wir sind mit dem Meer und der Erde verbunden. Da ist der Mensch nur eine kleine Marionette.

Wie gesagt: niemand, wirklich niemand wird je meine Hummerlöcher zu sehen bekommen. Ich werde von meinen Löchern erzählen, aber sie niemals herzeigen. Ich habe euch zwar beschrieben, wie man hinkommt, aber ich habe ein ganzes Leben gebraucht, um sie wirklich kennenzulernen, und wenn ich jetzt verrate, wo sie sind, habe ich das Gefühl, mit mir ist Schluss. Vielleicht könnte ich ja jemanden mitnehmen, wenn der Mond tief steht und der Nebel so dicht ist, dass man ihn mit einem Messer schneiden könnte. Derjenige hätte dann so viel Angst, sich zu verirren, dass er nicht mehr darauf achten würde, wo er den Fuß hinsetzt. Denn ich, und da übertreibe ich nicht, ich erkenne die Steine mit den Füßen. Ich würde mich nie verlaufen, andere schon! Ich warte und esse das Meer und die Erde. Vielleicht halten manche mich für einen seltsamen Vogel. Aber wenn jemand meine Löcher freilegt, dann nur, weil er etwas im Schilde führt. Und trotzdem müsste er höllisch aufpassen, dass die Wellen ihn nicht wegreißen. Dann hätte mein Hummer was zu fressen. Der Hummer, den ich verloren hätte, den ein anderer hätte fangen wollen, nur leider ist er dabei ertrunken.

Meine Löcher sind Schweigen, ein bisschen Privatleben sozusagen. Mein Morgen im Angesicht der Gezeiten, meine Nächte unter dem Auge des Mondes.

Dennoch wird der Tag kommen, an dem ich es halten werde wie mein Vater und mein Onkel. Ich werde meinen Neffen mitnehmen oder eine andere Person meiner Wahl, einen nur, nicht etwa zwei, und ich werde ihm mein Territorium zeigen, ich werde das Geheimnis weitergeben. Das heißt dann auch, dass ich mich matt fühle, dass es nicht mehr lange dauert, bis ich das letzte Mal hier die Gezeiten sehe.

Ich müsste vielleicht auf allen Vieren krabbeln, aber ich würde noch mal ans Meer gehen. Sicher!

Aber irgendwann wird einer in meine Fußstapfen treten. Was meine Löcher angeht, aber auch bei anderen Dingen. Man muss einfach abtreten können. Darum kommt man nicht herum.

Mein Vater, mein Onkel und ich – das sind mehr als zweihundert Jahre Erfahrung im Fischen, die Urgroßeltern nicht eingerechnet!

Die Stille

Françoise hat sich einmal eine Rippenfellentzündung eingefangen. Es hat ganz schön lang gedauert, bis sie wieder gesund war, und sie langweilte sich zu Tode. Sie aß nichts mehr, solche Schmerzen hatte sie. Ich habe für sie gekocht, meistens Rinderragout mit Abalonenmuscheln. Davon aß sie dann ein paar Bissen. Dann habe ich ihr noch etwas zu trinken gegeben. Ich wusste überhaupt nicht mehr, was ich tun sollte. Eines Tages kam ich vom Meer mit einem schönen Hummer zurück. Ich habe ihn lebend in ihr Zimmer hinaufgebracht, er tropfte noch, was für den Holzboden nicht gut ist. Da sog sie den Geruch des Meeres ein und fühlte sich sofort besser. Ich habe es in ihren Augen gesehen. Damit habe ich ihr wieder Appetit aufs Leben gemacht. Sie wollte schneller gesund werden, um wieder raus zu können.

In der Stille, der echten Stille hörst du dich selbst. Zur Stille gehört die Freiheit. Wenn ich eingesperrt wäre, könnte ich sie nicht hören. Die Krankheit hatte meine Schwester eingesperrt, doch der Geruch des Meeres hat sie mit Freiheit erfüllt. Das kann man gar nicht in Worte fassen. Und doch ist es da, für jeden!

Wenn man älter wird, wiederholen sich manche Ereignisse, so wie sich die Jahreszeiten wiederholen. Als am 15. Juli 2008 die *Queen Elizabeth II* in Cherbourg einlief, fühlte ich mich um siebzig Jahre zurückversetzt.

Damals hatte ich von unseren Feldern aus zwei Nachbarinnen beobachtet, die auf einem Mäuerchen saßen, das die Deutschen später während des Krieges sprengten. Als ich vorbeimarschierte, riefen sie mir zu:
»Komm doch her, Paul. Die *Kweeen Elisabeth* soll heute noch hier vorbeikommen.«

Ich höre sie heute noch sagen »Kweeen Elisabeth«. Ich spreche es immer noch aus wie sie! Aber ich bin zu meiner Mutter gegangen. An ihrer Seite habe ich gesehen, wie dieses riesige Schiff an der Küste, ganz nahe an den Felsen, vorüberzog. Sie lag tief im Wasser, als sie da groß und majestätisch ohne einen Laut dahinglitt. Ja, vollkommen lautlos. Es tat einem im Herzen weh, so schön war sie. Und natürlich dachte man, im Innern des Schiffes müsse alles genauso schön sein.

2008 hat die *Kweeen Elisabeth* dagegen niemand vorüberfahren sehen, sie fuhr weiter draußen als ihr Schwesterschiff siebzig Jahre davor. Außerdem behinderten Nebel und Regen bis zum Abend die Sicht. Das war wie mit der Sonnenfinsternis 1999. Wir haben alle darauf gewartet und dann gar nichts gesehen, weil der Himmel voller Wolken war. Dass die Sonne verschwand, konnten wir nur spüren, im Körper und weil die Tiere plötzlich still wurden. Die ganze Natur hielt inne.

Natur und Geräusche, das geht immer Hand in Hand. Unendliche Stille wird wohl nie herzustellen sein, denn dann, so scheint mir, hätte man die völlige Einsamkeit erreicht.

Und Einsamkeit erträgt niemand. Wenn dich die Sorgen übermannen, wenn du ein Darlehen aufnehmen musstest (wozu ich nie gezwungen war), wenn du daran denkst, was alles auf dich zukommt – der Tierarzt, die Steuerprüfung und was sonst noch anfällt –, wenn du bei jemandem Schulden hast, dann ist deine Stille gestört. Du bist nie wirklich allein. Du wirst »verfolgt«, könnte man sagen, deine Schulden verfolgen dich bis in dein Innerstes.

Wahre Stille, wie man sie mit sich selbst erlebt, führt dazu, dass du die Einsamkeit, das Nachdenken, zu schätzen weißt. Eine leichte Brise streicht über deinen Körper, du hörst alles Mögliche in der Luft. Du gibst dich ganz hin, du spürst dich in der Stille. Und du spürst auch die anderen. Frieden breitet sich um dich aus wie eine schöne Landschaft.

Manchmal sehe ich vom Garten aus Besucher kommen. Die legen dann ihre Hand auf unser Gatter, als wäre ich der selige Thomas Hélye aus Biville und würde Wunder wirken. Keine Sorge! Er ist seit langem tot und hat sich einst für die Stille der Armut entschieden. Solch eine reiche Seele besitze ich nicht.

Ich lebe mein Leben in meiner Stille oder in meinen Worten. Und ich will weiterhin Mesner bleiben in der grünen Kathedrale der Natur. Ich mag dieses Bild, denn ich bin tatsächlich Mesner in unserer kleinen Kirche. Und nicht nur dort, denn ich lebe Tag für Tag mit Gott in La Hague, unserem Landstrich.

Diese religiöse Einstellung ist mir wichtig. Aber aufgepasst: Ich fordere sie nicht von anderen. Ich hatte Glück im Leben, das ist alles. Ich lebe mit und nicht neben den Dingen. Das Wort Gottes macht zuweilen Angst. Da gibt es Leute, die halten sich für tolerant, und solange man nur über die Landwirtschaft redet, geht alles gut. Wenn du aber erzählst, wie das Korn in der Erde stirbt, um von Neuem zu keimen, dann ist auf einmal Schluss.

Sterben, um weiterzuleben.

Es gibt nun einmal Dinge, die das menschliche Begriffsvermögen übersteigen. Davon bin ich überzeugt. Ich fühle mich nichts und niemandem überlegen. Der Begriff »Satan« bereitet mir Unbehagen. Andere sind da anderer Auffassung. Es gibt eben solche und solche. Ein einziges Mal habe ich mich vor der Stille gefürchtet. Da habe ich vor meinen eigenen Schritten Angst gehabt. Aber nicht vor Gott! Ich musste mich dem Gefühl stellen, dass der andere, der Böse, sich mir näherte. Da stand ich am Fuß der Klippen im Licht des Vollmonds. Ich hielt inne und da ... der Widerschein des Mondes, das Meer, das plötzlich still wurde, und die Farben, die sich änderten, richtig umschlugen ... das erinnerte mich an den Krieg, dabei war kein einziger Laut zu hören. Meine Schritte klangen, als sei ich ganz allein auf der Welt. Sie hallten in meinem Körper wider wie ein Echo. Fünfzehn Jahre später zittere ich immer noch, wenn ich an diese beunruhigende Ruhe denke und den Aufruhr, der sich darin verbarg. Einen Augenblick lang schwieg die Natur. Und einen Augenblick lang habe ich geglaubt, dass der Dämon die Gunst der Stunde nutzen würde, um sich des Landes zu bemächtigen.

Nach so etwas ist man natürlich glücklich, wenn man wieder daheim ist, wenn man an der Tür der Schwestern vorbeigeht und weiß, dass sie da sind, voller Freundlichkeit und Güte. Ich weiß nicht, was damals passiert ist, aber seitdem gehe ich nachts nicht mehr so gern allein ans Meer. Ich sage immer Bescheid, wann ich gehe und wann ich wieder da sein werde.

Im Grunde sind Stille und Einsamkeit doch zweierlei, und ein Einzelgänger bin ich nicht gerade. Ich habe mich einsam gefühlt, als die jungen Leute meines Alters das Land im Stich ließen und in die Stadt flohen. Sie hatten ja recht. Sie hatten mehr Geld und weniger Rückenschmerzen. Ich habe die für mich richtige Wahl getroffen. Ich bin meinem Land treu geblieben, dem Land, das ich liebe.

Vielleicht sollte es eines unserer Lebensziele sein, um keine Stille ertragen zu müssen, die Ruhe kennen und schätzen zu lernen.

Geheimnisse

Eines Tages hat es mich gepackt und ich wollte den Kamin in einem der Zimmer im Haus erneuern. Kurz zuvor hatte ich drei Säcke Zement nach Hause gebracht, die vermutlich von irgendeiner Baustelle stammten. Man hatte sie »in den Graben« geworfen, das war eine Art wilder Müllkippe. Nicht selten landeten dort auch Sachen, die man noch gut gebrauchen konnte. Ich war oft dort.

Mit diesen noch völlig unberührten drei Säcken Zement machte ich mich dann zu Hause an die Arbeit.

Bevor man neuen Putz aufbringt, muss man – wie vor der Aussaat – den Grund herrichten, damit er gut hält. Also habe ich den alten Mörtel abgeschlagen und den Kamin gesäubert. Im *bûlin*, einer Vertiefung am Kamin, in der wir normalerweise Salz und Zündhölzer aufbewahren, damit sie schön trocken bleiben, bemerkte ich plötzlich einen Hohlraum. Ich stocherte ein wenig darin herum, wie ich es auch in meinen Hummerlöchern mache, und plötzlich löst sich ein Stein.

Er wäre mir fast auf den Kopf gefallen.

Mir stockte der Atem, denn in Auderville redet man schon seit Ewigkeiten davon, dass irgendwo im Dorf ein Schatz versteckt sein soll. Ich dachte kühn: »Das ist der Schatz! Der Schatz aus Merquetot ist nach siebzig Jahren endlich aufgetaucht. Und ich habe ihn gefunden!«

Ich war völlig aus dem Häuschen. Mir kribbelte es

regelrecht in den Fingern, als ich meine großen Pfoten in das Loch schob. Ich untersuchte es eingehend, tastete Höhe und Seiten ab. Eine Öllampe stand darin. Sie war ganz schön heruntergekommen, bestimmt war sie uralt. Roststückchen bröselten mir auf die Finger. Ich hatte schon Angst, die Schwestern würden mich ausschimpfen, wenn sie sahen, wie ich da allerhand Schweinereien aus dem Loch herausholte.

Bei jedem Stück Schmutz, das herausbröckelte, drehte ich mich um und sah über die Schulter, ob nicht etwa eine ins Zimmer kam. Den herausgefallenen Schutt schob ich mit dem Fuß weg. Aber schließlich fand ich doch noch etwas drin. Ich sage nicht, was es war ... vielleicht ein Schatz, vielleicht auch nicht ...

Dann überlegte ich kurz. Wenn jemand früher schon etwas in diesem Loch versteckt hatte, konnte ich das doch auch tun. Ich strengte meine Gehirnzellen an, dann holte ich ein Heft. Ich kramte mein Zeug hervor und schrieb eine Seite an den Knaben, der das Loch später einmal entdecken und ausräumen würde. Der konnte sich dann sagen: »Der Kerl, der das geschrieben hat, hat sicher keine Karies mehr.« (Was bedeuten soll: Der ist tot.) Vielleicht wird es wieder ein Bedel sein, vielleicht auch nicht ... Ich klaute Marie-Jeanne eine Plastikdose mit Deckel, verstaute alles und legte es ins Loch zurück. Dann verschloss ich es wieder. Wie oft mochten meine Vorfahren wohl etwas darin versteckt haben?

Irgendwie hat mir das Ganze keine Ruhe gelassen. Ich habe meine Plastikdose für den Nächsten eingemauert und selbst allerhand Staubiges, aber auch Kostbares gefunden. Ich habe auf dem Blatt erklärt, wieso ich es dort gelassen habe. Bestimmte Dinge müssen dort bleiben, wo man sie findet. Ob sie nun wertvoll sind oder nicht.

Ohne Bedauern.

Dann wollte ich das natürlich noch ein wenig verschönern. Ich strich die Wand weiß und hatte die Idee, bevor der Zement trocknete, Ähren hineinzudrücken, erst eine Ähre, dann noch eine und noch eine. Natürlich von meinen Feldern. Das Symbol des Brotes, der Nahrung und des Sämannes. Für mich sind das die Symbole des Lebens schlechthin. Eine Art Abendmahl, das die Dinge, Tiere und Menschen vereint, und auch die Schönheiten der Natur.

Danach habe ich noch lange an die vielen Nachtwachen gedacht, bei denen man so gerne über Schätze redet, die im Garten vergraben, im Haus eingemauert oder auf dem Speicher versteckt sind. Ich kann mich an einen sehr alten Mann erinnern, der vergessen hatte, wo er seinen Spargroschen versteckt hatte. Nach seinem Tod ging eine anständige Frau aus dem Dorf zu seiner Tochter, um ihr zu sagen, wo sie das Geld finden würde. Sie wusste das seit ihrer Kindheit, damals hatte sie es irgendwo aufgeschnappt.

Am Ende wird das ganze Geld eines Mannes, alles, was er sich erarbeitet hat, irgendwo eingeschlossen, in einem kleinen Raum in einer alten Mauer.

In Auderville finden sich immer wieder »Schätze« in den Häusern. Die Leute entdecken sie, und das geht dann herum. Jeder redet darüber. Meist sind es alte Geldscheine, die keinen Wert mehr haben. Das ist wirklich zum Lachen.

Im Kohlenkeller oder Holzschuppen hat man dagegen immer die guten Weine versteckt. Das ist der »Weinkeller« der Männer, die sich vor ihren Frauen verbergen, um einen Schluck mehr zu trinken als nötig.

Manchmal aber handelt es sich um Edelmetalle …

Wenn man Gold oder Silber findet, ist das natürlich alles andere als lachhaft. Das erzählt man auch nicht herum. Mein Großvater hat uns mal von einem Schatz berichtet, der auf der Heide auf einen neuen Besitzer wartet, nur drei Kilometer von uns entfernt. Eine Frau, die ein Verbrechen begangen hatte, wurde von den Gendarmen abgeführt. Sie wusste, dass man sie ins Gefängnis stecken würde, und so hatte sie ihren Schatz in einen Sack gepackt und trug ihn unter den Röcken mit sich. Der Schatz musste schwer sein, denn sie ging sehr langsam. Man erzählt, dass sie an einem bestimmten Punkt auf der Heide die Gendarmen plötzlich bat, »austreten« zu dürfen. Die Polizisten ließen sie längere Zeit allein. Und offensichtlich entledigte sie sich dabei ihres Schatzes, denn hinterher ging sie leichten Schrittes vor den beiden her.

Wenn jemand diesen Schatz tatsächlich gefunden haben sollte, so redet er darüber nicht. Ich habe ihn nicht. Jedenfalls sieht man in der Gegend immer wieder tiefe Löcher, die mit der Hacke gegraben wurden.

Als man überall ägyptische Gräber öffnete und dort massenhaft Gold fand, ließ ein Monsieur Duchevreuille in der Gegend von Auderville ein Hügelgrab öffnen, das vier im Rechteck angeordnete Steine flankierten. Als es so weit war, versammelten sich alle Würden- und Krawattenträger der Gegend. Die Aufregung war groß. Das haben die Alten uns erzählt. Alles hielt den Atem an, als man den Tumulus öffnete. Was für Herrlichkeiten würde man darin wohl entdecken? Man stieß erst nach einigen Tagen auf die Grabkammer, aber statt Gold fand man nur Asche und versteinerte Knochen.

Die *horsains*, die uns besuchen, also die »Auswärtigen«, wie wir sie nennen, geraten oft in Verzückung, wenn sie die »Deutschen-Pfähle« finden. Das sind ein paar Pfosten in der Bucht von Écalgrain, auf denen die Deutschen während des Kriegs einen Beobachtungsposten errichtet hatten, eine Holzhütte. Da man dort, vor allem Richtung Jobourg, auch behauene Feuersteine findet, bilden sich die Leute immer ein, die Pfähle seien eine Art Carnac der Normandie, und wir widersprechen ihnen nicht. Wenn sie es so wollen.

Was man auf unseren Feldern öfter mal findet, sind kleine Pfeilspitzen aus Feuerstein aus der Wikingerzeit. Zumindest nehme ich das an. Es heißt, sie sollen das Haus vor Unglück bewahren.

Und dann haben wir noch die Kuhkratzer. Das sind auch Steine und zwar große Granitblöcke mitten im Feld, an denen die Kühe sich die Schwarte reiben können, wenn Fliegen und Bremsen über sie herfallen. Da haben wir schon Tränen gelacht. Es gab Schatzsucher, die mit einer Art Bratpfanne zum Graben angerückt sind, um dort das Gold der Kelten zu suchen.

In einer Nachbargemeinde kam jedes Jahr so ein Typ mit seiner ganzen Schatzsucherausrüstung an. Wir haben über ihn gelacht, weil er jeden Sommer da war, und ihn recht respektlos »Schürfpfannengesicht« getauft. Und dann hat er tatsächlich einen Schatz ausgegraben, und zwar genau am Fuß eines Kuhkratzers. Der war den ganzen Aufwand wert. Wir waren sprachlos! Seinen Fund hat er sogar mit dem Besitzer des Feldes geteilt.

Mir hingegen ist einmal Folgendes passiert: Ich war auf dem Feld, und aus irgendeinem Grund wurde mein Blick plötzlich von einem kleinen Erdklumpen angezogen (mit schönen Steinen für meine Mäuerchen geht mir das genauso). Ich weiß heute noch nicht, wieso, aber ich fing an, mit dem Daumen die Erde abzukratzen und dann halte ich auf einmal ein kleines Kreuz mit einem Christus aus Elfenbein in Händen.

Ich hab's in die Tasche gesteckt.

Und dort habe ich es seitdem gelassen. Ich habe meinen Fund als Zeichen genommen und habe das Kreuz in ein Stück Papier gewickelt und in eine winzige Dose mit Reklame für Kakaopulver gesteckt. In dieser Dose führe ich auch meine Herztabletten mit – man weiß ja nie! – und eine Medaille mit der heiligen Therese, die mir ein junger Mann mal geschenkt hat.

Hier in unserer Gegend redet man nicht gerne über Geld. In Saint-Germain-des-Vaux wurde im Jahr 1900 eine Frau erstochen, die ein hübsches Vermögen hatte. Die Mörder sind durchs Fenster verschwunden. Nach der Tat blieb eine große Blutlache auf dem Boden zurück. Den Fleck soll man heute noch sehen. Damals wurden verschiedene Personen beschuldigt, deren Nachkommen hatten noch lange unter der Schande zu leiden. Sie haben sie gleichsam von Generation zu Generation weitervererbt bekommen. Im Dorf wusste man immer, wer das Ganze angezettelt hatte. Der, den man für schuldig hielt, war ein Mann mit einem Zylinder. Man hatte ihn an jenem Tag gesehen, wie er sich mit seinem Pferdewagen auf den Wegen ums Haus herumtrieb. Vielleicht hat er da auf die von ihm gedungenen Mörder gewartet.

Da die Schuldigen nie gefasst wurden, hielt sich während meiner Jugend und sogar noch nach dem Krieg bei uns ein Klima des Argwohns. In den abgelegenen Weilern ließ man die Kinder nicht gerne draußen spielen, und über Geld redete man schon gar nicht. Irgendwie hat diese Geschichte den Geist der Gegend geprägt. Die Alten reden heute noch darüber! Dabei kann der Kerl, der den Mord begangen hat, heute niemandem mehr schaden.

Ich habe auch Verbrechen begangen, Sünden, auf die ich alles andere als stolz bin. In meinen wilden Jahren ging ich noch mit dem Karabiner auf die Jagd, einem Gewehr, das ich schwarz gegen irgendetwas eingetauscht hatte. Ich zog so über die Felder, als es plötzlich in einer Hecke zu rascheln begann. Die Zweige zitterten, ich hielt den Atem an und: »päng«. Meinen Kopf hättest du sehen müssen, als ich begriff, dass der vermeintliche Hase ein großer, brauner Kater war. Einen Moment lang glaubte ich, auf ein Gespenst gestoßen zu sein, das mir einen üblen Streich spielte, eines von denen, die in La Hague herumgeistern.

Kurz darauf traf ich eine alte Frau, die so des Weges kam. Sie hielt mich an, ich konnte ihr nicht gut ausweichen:

»Ach, die Jagd ist also schon eröffnet. Mein großer Kater ist weg. Ich finde ihn nicht mehr. Hast du ihn zufällig irgendwo gesehen, Paul?«

Und ich stand da mit rotem Gesicht und stotterte:

»Vielleicht hat er ja eine hübsche Katze getroffen, wer weiß?«

Die arme Alte …

Im Jahr darauf ging ich mit Mirza, unserer treuen Hündin, auf die Heide hinaus. Dieses Mal aber jagte sie nicht wie üblich. Sie hatte es auf einen Busch abgesehen und umkreiste ihn aufgeregt springend. Aber natürlich wollte ich nicht wieder eine Katze erschießen. Ich würde nicht blind auf den Busch zielen. Und so wartete ich, bis Seine Majestät, der Hase, aus dem Versteck kam. Päng, das Tier fällt. Und wieder dasselbe! Ich hatte keinen Hasen erlegt, sondern ein großes, fettes Kaninchen. Später erfuhr ich, dass es offensichtlich aus seinem Stall ausgebüxt war. Sein Besitzer war schon seit Jahren stolz darauf, die größten Stallhasen von La Hague zu züchten. Ich habe mich kaum getraut, es zu Hause zu erzählen, so habe ich mich geschämt. Aber das Tier war so groß, das wäre jedem aufgefallen. Nun ja, gegessen haben wir es trotzdem ...

Ich habe halt auch Sachen gemacht, die einfach nicht besonders nett waren. Und als ein Nachbar mir erzählte, dass er gesehen habe, wie eine Frau meine Weste an sich drückte, die ich auf der Einfassung hatte liegen lassen, dachte ich mir:»Also nein, das geht doch nicht.«

Seitdem lasse ich meine Sachen nicht mehr so herumliegen. Die Dame hatte wohl einen Sprung in der Schüssel. Ich bin gewiss kein Heiliger. Ich habe im Leben auch Fehler gemacht. Denn ich bin einfach nur Paul, mit all meinen guten und schlechten Seiten. Ich halte mich nicht für besser als andere Menschen, eher im Gegenteil.

Großvater Bedel

Wir hatten früher richtige Wachposten in den Dörfern. In Auderville war das ein alter Mann, der immer auf dem runden Stein vor seinem Haus saß. Wenn die Leute von der Sonntagsmesse kamen, erbettelte er sich ein paar Sous:

»Du hast doch bei der Kollekte gerade ein paar Münzen für jemanden hergegeben, den du gar nicht kennst, da kannst du mir ruhig auch was geben, damit ich mir einen Schluck Roten kaufen kann.«

Ihr könnt die alten Leute hier fragen, die erinnern sich alle noch an den Kerl auf dem Stein. So wie sie sich an meinen Großvater erinnern.

Mein Großvater wusste so allerhand. Schließlich hat sich in La Hague auch einiges zugetragen. Ein paar Dinge kann man ruhig erzählen, andere besser nicht.

In unser Dorf kam immer eine Frau, die Hasenfelle verkaufte. Man hörte sie schon von Weitem mit ihrer lauten Stimme und ihrem Wägelchen:

»Hasenfelle! Hasenfelle!«

Da rief dann mein Großvater gut gelaunt:

»Hast du denn keine Hasenpfoten?«

Es jagte mir einen höllischen Respekt ein, wie mein Großvater da seine Stimme erschallen ließ. Fast war es mir ein wenig peinlich, und so versteckte ich mich hinter der Hecke, um die Reaktion der Alten zu beobachten, die in meinen Augen aussah wie eine Hexe.

»Alter Esel! Geh schon und such mir deine Hasenfelle heraus, wenn du welche hast. Dir ist es doch mehr als recht, dass ich komme und sie dir abnehme.« Wenn es im Sommer so richtig heiß wurde und wir im Heu spielten, bekamen wir alle schnell Durst. Mein Großvater auch. Dann musste das jüngste der Kinder zum Bach hinunterlaufen, wo der alte Mann die Cidreflaschen versteckt hatte. Am Ende des Tages konnte der Ärmste mit seinen kurzen Beinchen oft nicht mehr. Ich bin gelaufen und meine Schwestern ebenfalls. Das haben wir sogar nach seinem Tod beibehalten.

Solche Sachen könnte ich stundenlang erzählen. Aber diese ganzen Nachrichten aus aller Welt, die kann ich mir nicht merken. Wenn man sich wirklich an etwas erinnern will, muss man dort gewesen sein, wo sich alles abgespielt hat.

Guste, mein großer Bruder, hing immer bei meinem Großvater rum. Auf dem Weg nach Goury liegt in der Kurve ein alter Steinbruch, der als Müllhalde benutzt wurde. Dort hatte mein Großvater einen alten Krug gefunden, der so hoch war wie eine Milchkanne, nur oben herum schmäler, damit man leichter ausgießen konnte. Opa befahl seinem Enkel:

»Stell den Krug in die Mitte der Kurve. Wir füllen ihn mit Steinen, dann müssen die Irren, die in der Kurve so schnell fahren, abbremsen. Das schadet ihnen kein bisschen.«

Das war 1937. Damals kam in der Woche ein Auto durch Goury, mehr nicht! Der Fortschritt, die Geschwindigkeit, das machte ihm Angst. Heute würde er wahrscheinlich den Verstand verlieren.

Mein Großvater lieferte bis nach Cherbourg, und zwar einmal die Woche. Er brachte ein halbes Schwein zum

Metzger, Butter zu den Milchläden und brachte den Händlern in den *Halles* von Cherbourg, wo jetzt das große Einkaufszentrum ist, Fische. Er kassierte ein bisschen Geld bei der Lieferung, den anderen war geholfen, und ihm machte es Spaß. Wenn er nach Cherbourg fuhr, sah er wenigstens mal etwas anderes als immer nur das Dorf.

Eines Tages bat ihn die hübsche Marie M., ihr doch bitte ein Korsett mitzubringen, wie Großvater uns voller Stolz erzählte. Er hat all seinen Mut zusammengenommen und tatsächlich eins gekauft. Und sie hat ihm dafür zu Hause herzlich gedankt. Danach sah Marie M., die damals schon nicht mehr die Jüngste war, ganz anders aus.

Opa lieferte also einmal die Woche aus und brachte uns von seinen Fahrten allerhand Geschichten mit. Gelegentlich half er dem Pfarrer, wie viele Männer aus dem Dorf, zumindest die, die mit dem lieben Gott auf Du und Du waren. Eines Tages, als er vom Einkaufen zurückkam, schloss er sich ein paar Männern an, die im Garten des Pfarrers Apfelbäume pflanzen wollten. Alles wartete auf die Anordnungen des Pfarrers. Der aber erhielt gerade Besuch von Pfarrer Bosset aus der Nachbargemeinde, der auf seinem Eselswagen vorbeigekommen war. Wahrscheinlich hatte er Durst, denn er meinte zu unserem Pfarrer:

»Werter Kollege, wenn Sie schöne Äpfel wollen, müssen Ihre Arbeiter aber noch vor Mittag ins zugehörige Loch fallen.«

Da braucht man nicht zwei Mal zu fragen, wie das ausging. Der Pfarrer löschte den Durst seiner Pfarrkinder nämlich mit Calvados. Nach einer guten Stunde blieb einer der Helfer, der dickste, im Loch liegen und rührte sich nicht mehr.

Denn normalerweise gruben sie nur Löcher für die

Toten. Da grub man und sah zu, dass man die Arbeit beendete und das Loch wieder auffüllte.

Die Löcher waren ja nicht dafür gedacht, sich selbst hineinzulegen.

Seine Kollegen, darunter auch mein Großvater, zogen den Dicken also heraus und packten ihn auf den Eselswagen des Pfarrers aus Jobourg, um ihn nach Hause zu schaffen. Nur dass seine liebe Frau sie von Weitem schon kommen sah. Das ist das Haus, an dessen Gartentür ein Schild hängt:»Vorsicht, bissiger Hund.« Sie sieht, wie ihr Mann in diesem Zustand ankommt und läuft schimpfend auf die Männer zu:

»Schämt ihr euch nicht, mir meinen Mann in diesem Zustand zurückzubringen? Euch werde ich heimleuchten!«

Die Männer bekamen es angesichts dieser – wenngleich berechtigten – Drohung mit der Angst zu tun und ließen den Wagen einfach stehen. Und so fand sich der Ärmste in seinem Hof wieder, seine Freunde hauten schleunigst ab, nachdem sie sich vergewissert hatten, dass er noch lebte. Der Wagen rollte von selbst ein Stück weiter, dann kippte er nach hinten und die beiden Deichselstangen standen hoch in die Luft.

Und so hieß es hinterher spöttisch, in Goury sei ein Zweimaster gestrandet. Es habe einen Ertrunkenen gegeben. In gewisser Weise schon, aber der ist im eigenen Saft ertrunken.

Erst später merkte man etwas Interessantes, weshalb man die Geschichte noch jahrzehntelang weitererzählte, sonst hätten wir sie ja gar nicht gehört. Die Apfelbäume wuchsen nämlich gut an und trugen Jahr für Jahr, das habe ich selbst gesehen, riesige Äpfel, Äpfel mit einem kugelrunden Bauch, wie der Pfarrer ihn hatte.

Während des Krieges – er war damals schon einundsiebzig, aber ich habe ihn mittlerweile längst an Jahren überholt – war mein Großvater schon ziemlich kraftlos. Er humpelte und ging am Stock. Die »moderne Sprache« kannte er nicht. Er redete nur Dialekt und wusste nur ganz wenige Wörter auf Französisch. Der echte Dialekt wurde ja unglaublich schnell gesprochen. Die Touristen (ich nenne die Deutschen »Touristen«, weil sie hierher gekommen sind, ohne eingeladen worden zu sein) kamen 1940. Ihm zufolge wirkten sie ein wenig gebildeter. Einer von ihnen bettelte:

»Messjöh, Toilette, Toilette.«

Mein Großvater verstand natürlich nicht, was er sagen wollte.* Er stellte sich taub und tat so, als wolle er sich mit dem kleinen Finger die Ohren ausputzen.

»Hör auf zu quatschen, Idiot. Wenn du dich waschen willst, dann geh an den Brunnen, da ist Wasser genug, Herrgott noch mal. Und wenn dir das nicht reicht, verschwinde wieder dahin, wo du herkommst.«

Der andere tat, als würde er die Hose runterlassen. Also zeigte Großvater ihm das Hüttchen im Garten. Der andere sah ihn ungläubig an, natürlich stank es dort. Als er darauf zuging, hielt er sich die Nase zu. Kaum hatte er die Tür geöffnet, fing er an, mit den Armen zu rudern, um die Fliegen zu vertreiben, die ihn massenhaft umschwirrten. Da wurde mein Großvater richtig zornig. Er schüttelte den Stock gegen ihn und rief:

»Wenn es dir hier nicht passt, scheiß doch daheim!«

Und wenn er uns die Geschichte erzählte, fügte er immer hinzu:

---

* *faire la toilette* bedeutet im Französischen »Toilette machen«, also sich frisieren, ankleiden und so weiter.

»Wenn er keine Pistole gehabt hätte, hätte ich ihm mit dem Stock eins übergebraten.«

Aber ein bisschen Widerstand leistete er dennoch, als sein Haus bis auf das Schlafzimmer und die Küche von den Deutschen besetzt wurde. Die Zimmer oben dienten als Büros und jeden Tag kamen deutsche und französische Sekretärinnen. Da mein Großvater sich langweilte, fing er an, die Frauen, die mit den Deutschen zu tun hatten, mit dem Stock in der Hand zu verfolgen. Er fuchtelte mit seinem Stock auf dem Hof herum, ohne jemandem wehzutun. Am Gehstock kann man die Reichen von den Armen unterscheiden. Von den Reichen hieß es, sie hätten »ordentlich was am Stock«. Reiche Leute kauften nämlich Stöcke aus glattem Edelholz, unsere Leute aber schnitten sich aus einem Ast einen schönen Stock. Der hatte dann auch keinen gebogenen Griff.

Die Deutschen lachten über meinen Großvater, er tat ja niemandem weh.

Opa nutzte den Krieg, um vom Krieg 1914/18 zu erzählen, in dem viele Menschen gefallen waren. Er aber hatte seine beiden Söhne zurückbekommen: Mein Vater hatte ein paar Finger weniger, und auch mein Onkel François hatte so einiges gesehen. Vielleicht sprachen sie ja darüber? Ich jedenfalls war immer beeindruckt, wenn ich vom Soldatenalltag hörte. Wobei sie nicht über Verwundungen oder Tote redeten.

Man musste sich im Fluss waschen, wo das Wasser viele Krankheitskeime mit sich führte. Manchmal wurden sie beschossen, wenn sie die Hinterbacken in der Luft hatten.

Das Besteck wurde nachts im Schuh verstaut: Messer, Gabel und Suppenlöffel.

Das Brot steckte man sich während des Schlafens unter die Achsel, damit es die Ratten nicht wegfraßen. Und da der Krieg am Ende alle verrückt machte, wurde alles gestohlen: Tornister, Gürtel, Kerzen ... Mit all den Erinnerungen auf der Seele konnten die Alten in unserem Dorf die Deutschen natürlich nicht ausstehen. Man gönnte ihnen weder unsere gute Luft noch die schöne Landschaft.

Unsere Väter kamen tot aus den Schützengräben zurück, und wenn sie noch lebten, wollten sie nicht darüber sprechen, worüber ich hier schreibe. Vergessen wollten sie wohl nicht, aber sie wünschten sich, dass wir, die Kinder, mit anderen Bildern im Kopf aufwuchsen.

Ich lese gerne Briefe aus jener Zeit. Briefe sind nicht wie Geschichtsbücher, in denen es immer um große Epochen und berühmte Leute geht. In den Briefen hingegen reden einfache Leute wie mein Onkel oder mein Vater. Wenn du 1918 in dein Dorf zurückgekommen bist, dann warst du entweder gesund oder am Arsch. Man redete mit meinem Vater nicht über diesen Krieg. Das hätte ja bedeutet, ihn daran zu erinnern, dass er verwundet heimgekehrt war. Ich glaube, man wollte ihn einfach nicht bemitleiden.

Und Großvater und sein Stock hatten schließlich recht, diesen Touristen zu misstrauen, diesen Eindringlingen.

Nachdem er ihnen zwei Jahre lang mit seinem Geschrei im Hof auf die Nerven gegangen war, sperrten sie ihn in einen Stall, auf seinem eigenen Hof. Das war ein neuer Kommandant.

Mein lustiger und kluger Großvater redete nicht mehr, nicht ein Wort. Er, der immer aus demselben Teller gegessen hatte, der nie einen anderen benutzt hatte, der immer seine kleinen Gewohnheiten gehabt hatte – dass man ihn aus seinem Haus vertrieb, kostete ihn das Leben. Er hielt nur einen Monat durch. Wir konnten ihn nicht bei uns aufnehmen, da wir ja schon die behinderte Großmutter mütterlicherseits bei uns hatten. Wir hatten einfach nicht genug Platz.

Er ist in einem Stall gestorben, einem winzigen Geviert, in dem man früher Feuer machte und bei großen Familienfesten kochte; in dem meine Tante während des Kriegs Kaffeebohnen mahlte und geröstete Gerste und noch etwas, an dessen Namen ich mich nicht mehr erinnere.

Er, der eines der größten Häuser in Auderville besaß, ist eingesperrt gestorben, in seinem eigenen Schützengraben, wo er als einzige Waffe einen Stock besaß, mit dem er nicht mehr zu kämpfen wagte.

Die Waffe der Armen.

Ich höre ihn noch, wie er in seincm Hof tobte und den unglücklichen Frauen die übelsten Beschimpfungen an den Kopf warf. Sie fürchteten ihn mehr als den Krieg. Er hat seinen eigenen Krieg geführt. Er hat ihn nicht gewonnen, aber was für eine Courage!

Sein Enkel hat ihn auch einige Jahrzehnte danach noch nicht vergessen. Wenn heute wieder Krieg wäre, würde ich mir als Erstes so einen Stock schneiden und würde, wie er, bis an mein Lebensende aufpassen wie ein Schießhund.

Denn die Freiheit, die trage ich in mir.

Das Signal des Leuchtturms

Als ich noch ein Kind war, gab der Leuchtturm von Goury einen würdevollen Signalton von sich. Heute klingt er eher wie eine Autohupe. Damals folgte das Signal auf den Lichtkegel. Ein lautes Geräusch wie Luft, die aus einem Druckluftbehälter entweicht. Dieses Geräusch begleitete uns bei der Arbeit.

Der Leuchtturm auf der Insel d'Aurigny gibt vier Mal Signal und blinkt vier Mal, der unsrige ist nur einfach getaktet, ein Blinken, ein Signalton. Während des Krieges war er nicht in Betrieb, man hat die Leere gespürt. Die Engländer hatten ihm den Fuß torpediert. Wenn sie ihn völlig zerstört hätten, hätte das die ganze Landschaft verändert. Man hätte ihn nie mehr so aufbauen können, so ist er heute immer noch wie früher.

Der Leuchtturm gehört zum Meer und zur Schifffahrt, aber natürlich spielt er auch für uns, die Bewohner von La Hague, eine große Rolle. Du hast ihn immer vor der Nase, auch wenn du ihn gar nicht sehen willst. Du hörst ihn und du siehst ihn, vor allem nachts, trotz des Lichtschutzes, den man uns immer für die Giebelfenster verordnen will und der uns so nebenbei das Mondlicht raubt.

Auch heute noch leuchtet der Leuchtturm regelmäßig in mein Bett. Und wenn ich seinen Strahl nicht sehe, weiß ich schon, welches Wetter wir haben. Höre ich den Wind, ohne im Schlaf das Licht wahrzunehmen, sage ich mir: »Schau mal an, bald haben wir wieder Nebel. Dann ist der Leuchtturm weg und ruft gleich um Hilfe.«

Und prompt höre ich bald darauf, wie er Signal gibt. Sein Licht und sein Blöken, das ist wie eine zweite Decke. Du hast einen Gefährten und lächelst ihm zu. Du sprichst mit ihm, ohne ein Wort zu sagen.

Ich habe ihn 1947 besichtigt. Die Leuchtturmwärter haben uns eingeladen.

Drinnen ist es feuchter und kühler als draußen.

Die seltsamen Fenster jagen dir eine Gänsehaut über den Rücken, einladend sind die nicht. Da die Fensterlaibung zwei Meter tief ist, musst du dich hinlegen, damit du hinaussehen kannst. Du kannst nicht stehen bleiben und den Tag begrüßen. Superpraktisch! Das ist ironisch gemeint.

Was muss man da drin für ein Leben führen. Außerdem gibt es eine unendlich lange Treppe. Als ich sie wieder hinunterstieg, ist sie mir sogar noch länger vorgekommen. Oben bin ich auf die Plattform hinausgetreten. Ich habe hinuntergesehen, und mir ist schwindlig geworden. Ich hatte das Gefühl, dass das Meer und die Erde sich drehten, irgendwie schienen sie mich zu rufen. Da weißt du nicht mehr, wo dir der Kopf steht. Der Raz Blanchard hatte das Wasser fest im Griff, es brodelte, es rief nach einem, es machte einen platt wie ein Rauschmittel.

Ich fühlte mich wie auf einem Schiff, ich schwankte mit dem Leuchtturm, und die Erde kam immer näher. Schnell ließ ich mich wieder ins Innere führen, sonst hätte ich wohl versucht, wie ein Vogel zu fliegen. Die Leuchtturmwärter zogen die Petroleumlampe auf wie eine Uhr, also mit einem Gewicht. Einer der Wärter stand zu einer bestimmten Uhrzeit auf und setzte die Kurbel in Bewegung.

Der Beruf des Leuchtturmwärters ist was Besonderes. Die durften nicht trinken, keine Faxen machen. Sie mussten ihre Leuchte wirklich gut kennen. Das Licht für die Schiffe hat etwas Heiliges, es ist wie ein Gottesdienst. Kein Leuchtturmwärter hätte je vergessen, zur vorgeschriebenen Zeit aufzustehen, denn das hätte man vom Land aus gesehen. Man glaubt ja immer, dass der Leuchtturmwärter über uns wacht. In Wirklichkeit ist es umgekehrt.

Die Frauen der Leuchtturmwärter verständigten sich früher mit ihren Männern, indem sie die Vorhänge auf- und zuzogen. Sie hatten dafür einen Code erfunden. Heute haben die Häuser am Hafen von Goury ja alle Telefon. Und der Leuchtturm blökt und blinkt alleine vor sich hin. Wie meine Glocken ist er mittlerweile vollautomatisch.

Das erklärt aber nicht, weshalb die Leute bei Sturm gerne da hinaufklettern. Leuchtturmwärter hätte ich nie werden können, glaube ich. Viel zu feucht, zu dunkel, zu eng und viel zu weit oben. Mir gefällt es, wenn ich mit beiden Beinen auf der Erde stehe und der Wind mir ins Gesicht bläst oder mich über meine Feldwege schubst.

Bevor der Nebel kommt, bevor es schneit, hörst du den Leuchtturm klar und deutlich. Und wenn du noch klein bist, stellst du dir vor, dass er über dich wacht, der Leuchtturm von Goury. Wenn er blökt, hat der Nordostwind ihn blind gemacht. Dann »sieht er nicht mehr«. Der Schnee kommt, und er brüllt laut, damit man noch weiß, wo er ist. Als hätte er sich verirrt.

Als Kinder waren wir immer total aufgeregt, wenn er dann bei Ost- oder Nordostwind nicht mehr zu hören war, denn dann kam der Schnee und deckte den Weg vor dem Haus zu. Diese weiße Flut stürzte über uns herein und brachte uns dem Meer näher, der Ozean schien direkt vor der Haustür zu liegen. Hatte man Leinen zum Fischen ausgelegt, war man beunruhigt, denn auch der Strand war verschneit, und man konnte ein paar Tage lang nicht mehr zu seinen Leinen hinaus.

Aber natürlich haben wir uns noch mehr Gedanken über die auf den Feldern gemacht, schließlich fischten wir ja auf den Feldern. Nicht wahr, die Bedels sind ein bisschen verrückt?

Der Schnee

Wir fertigten Strohwische an, eine Handvoll Stroh, mit einem Stück Schnur umwickelt. Diese steckten wir in die Erde und machten mit kleinen Angelhaken eine zwanzig Meter lange Leine daran fest. Wir buddelten ein paar Regenwürmer aus und befestigten sie daran, um Kiebitze und Drosseln zu fangen. Einmal während des Krieges schlichen mein Vater und ich uns an unsere »Landleinen« unterhalb von La Vallette heran, als plötzlich Schüsse peitschten. Die Amerikaner zielten mit deutschen Gewehren auf unsere Vögel, die mit Schnabel oder Schwanz festhingen. 1944 hatte plötzlich jeder ein Gewehr. Die Federn flogen nur so herum, und zwischen zwei Schüssen hörte man das vulgäre Lachen der Soldaten. Mein Vater hielt mich am Ärmel fest, damit ich nicht weiterging. Die armen Tiere. Wir haben uns richtiggehend geschämt. Ein paar Tage später, als der Schnee geschmolzen war, waren von den Vögeln nur noch ein paar Federn übrig.

Wenn es schneite, warteten wir gewöhnlich, bis es am nächsten oder übernächsten Tag taute. Der Frost konservierte die Tiere.

Bei starkem Frost fingen wir die Vögel in den kleinen Hütten für die Jagdhunde, in denen sie geschwächt Unterschlupf suchten. Mama rupfte sie dann, und eine meiner Cousinen kam, um sich die Köpfe zu holen. Die lutschte sie aus, wenn sie gekocht waren, und zwar bis auf die Knochen. Niemand hätte sie davon abbringen können, und so haben wir ihr die Vogelköpfe einfach gegeben. Wir kochten die Vögelchen mit ein bisschen Gemüse zu Ragout, das über dem Kamin vor sich hinschmorte. Wenn ich heute so drüber nachdenke, haben wir wirklich von nichts gelebt. Das war unsere große Stärke. Wir wären auch nicht gestorben, wenn eine Hungersnot gekommen wäre.

An einem verschneiten Tag wollte mein Vater mal ans Meer gehen. Bei Tidenwechsel schliefen wir beide schlecht. Dann nahm er mich immer mit ans Meer, und ich sagte nie Nein. Wir zogen also los, die Erde war gefroren und knackte unter unseren Füßen. Unsere Stiefel knirschten, trotz Stock rutschte man leicht aus. Wir haben in der Kälte das Netz ausgeworfen. Die Meeräschen kommen bei Kälte nach oben und verschwinden dann wieder. Als das Netz gefüllt war, sah ich Enten über unsere Köpfe hinwegziehen. Zu der Zeit jagte ich noch. Bei der Kälte hätte ich die Enten nie und nimmer verpasst. Damals war der Himmel voll von ihnen.

Mit meinem Vater traute ich mich nicht auf Entenjagd zu gehen. Wir mussten schließlich das Netz einholen, und das haben wir auch getan. Wir haben dann Meeräsche gegessen. Wäre ich nicht mitgegangen, hätte es Wildente gegeben! Wenn du in der Kälte zum Fischen gehst, schmeckt hinterher der Kaffee noch mal so gut und du ziehst keinen Flunsch mehr.

Für den Bauern ist der Schnee einfach lästig. Er macht so viel Mehrarbeit. Die weiße Decke bringt den ganzen Tagesablauf durcheinander.

Grün und Weiß geht nicht zusammen. Das ist einen Augenblick lang schön, aber das war's dann schon. Die Ställe sind voll alter Tiere, denen man mit dem Eimer zu trinken geben muss. Du musst ihnen wirklich mehrmals am Tag mit dem Eimer Wasser bringen und jedes Mal die Streu auswechseln.

Außerdem marschierte ich immer mit ein paar Bündeln Heu auf dem Rücken auf die Heide. Das hat mich warm gehalten, aber gesehen habe ich gar nichts. Ich musste jeden Morgen und Abend dort hinaus. Je nach Schneehöhe hat mich das bis zu vier Stunden gekostet.

Ich musste die Eisschicht der Tränke aufschlagen, damit die Jungtiere, die auf der Heide draußen waren, etwas zu trinken hatten. Und das Wasser fror immer gleich wieder zu. Ich habe mich den ganzen Tag nur um die Tiere gekümmert! Abends, bevor es dunkel wurde, ging ich noch mal raus, sonst hätte ich sie nicht mehr von Schneewehen unterscheiden können. Ginsterbüsche und Vieh wurden zu großen und kleinen Schneehügeln. Gleichwohl darf man ein Tier niemals von der Schneeschicht befreien, die es bedeckt, sonst fängt das feuchte Fell ohne die schützende Decke an zu gefrieren. Ich habe eines der Tiere vor Kälte zittern sehen, als hätte es Fieber, nur weil ich es von seinem eisigen Mantel befreit hatte.

Gab es nicht allzu viele Schneeverwehungen, nahm ich den Traktor. Doch der fing bei Frost an zu spinnen. Er drehte sich gerne im Kreis und dann fuhren er und ich erst mal nach La Roque, einem Weiler in der entgegengesetzten Richtung.

Wenn ich glaubte, dass es bald Schnee geben würde, brachte ich das Futter für die Tiere manchmal schon am Vortag raus. Nur ein paar Bündel, die ich am Feldrain ablegte.

1961, als ich meine Schafe suchte, die nichts mehr zu fressen hatten, habe ich mir mit der Schaufel einen Weg gebahnt. Auf dem Rückweg musste ich schon doppelt so viel schaufeln, so viel Schnee war gefallen.

Ein andermal, denn unsere Tätigkeit hat viel mit Vorausschau zu tun, bin ich mit Marie-Jeanne losgegangen, um die Tiere von der Mézette hereinzuholen und sie auf die umzäunte Weide weiter unten zu bringen. Der Schnee fiel, und dichter Nebel hüllte uns ein. Ich öffne das Tor, die Kühe müssten gleich hinter mir kommen, Marie-Jeanne dann als Nachhut. Aber als ich das Tor öffne, steht plötzlich Marie-Jeanne vor mir – ohne Kühe. Die Sicht war so schlecht, dass wir die Tiere zwischendrin einfach verloren hatten. Wir gingen zurück und fanden sie schließlich in der Nähe einer Kurve, wo sie sich eng aneinanderschmiegten, um sich vor der Kälte zu schützen. Die Kälte verändert den Rhythmus unseres Lebens. Sie bringt alles durcheinander.

Obwohl diese Schneetage außerordentlich anstrengend waren, haute ich doch das ein oder andere Mal ab, um auf die Jagd zu gehen. Ich schoss Kiebitze und Hasen. Das war zu der Zeit, als mein Vater noch lebte.

Erst nach seinem Tod habe ich mit dem Jagen aufgehört. Denn da habe ich angefangen, mir Fragen über das Leben im Allgemeinen zu stellen. Das war Ende der Fünfzigerjahre.

Es wird nichts weggeworfen

Zu Hause haben wir immer darauf geachtet, nur solche Konservierungsmittel zu nehmen, die den Lebensmitteln nicht schaden. Das hat sich wirklich rentiert, ob wir nun im Frieden waren oder im Krieg.

Wenn wir Salz brauchten, setzten wir einfach Meerwasser auf und warteten, bis das Wasser verdampft war. Wir haben die großen Henkeltöpfe aus Kupfer genommen, in denen die Milch aufbewahrt wurde, bevor die heutigen Milchkannen kamen. Damit zum Meer hinunterzumarschieren und sie mit Wasser zu füllen war eine ganz schöne Expedition. Dann schütteten wir das Wasser in die eiserne Wanne und machten ein Feuer darunter. Den Schinken hängten wir darüber in den Kamin. Mit diesem System, das uns gar nichts kostete, hatten wir am Ende, nach einem Tag und einer Nacht, ein ganzes Glas Salz, als überall sonst schon längst keines mehr zu bekommen war. Da möchte man doch meinen, man kann sein Gemüse gleich mit Meerwasser kochen, aber weit gefehlt, das wird davon nur bitter. Zum Kochen nehmen wir immer das Süßwasser aus dem Brunnen.

Um das Wasser heiß zu machen, holten wir Holz von der Heide, dort, wo die Deutschen Feuer gelegt hatten. Von den Ginsterbüschen, die oben ganz verkohlt waren, war immerhin der Strunk geblieben. Wenn wir so eine Ladung Brennholz nach Hause geschafft hatten, waren wir immer von oben bis unten schwarz verschmiert. Im

Grunde macht man sich bei jeder Arbeit schmutzig, das ist der Preis, den man bezahlt. In La Hague gibt es in dem Sinn kein Brennholz. Und was uns die Deutschen gelassen haben, war auch eher Holzkohle.

In anderen Familien werden Früchte gelegentlich in Paraffin eingelegt, um sie zu konservieren. Das macht man vor allem mit Birnen. Auch Sägemehl ist dafür geeignet, und das geht so: Man streut in eine Kiste eine Schicht Sägemehl, legt eine Lage Obst darauf (die Früchte dürfen sich nicht berühren), da drauf wieder eine Schicht Sägemehl.

Maronen hingegen hebt man in feuchtem Sand auf.

Meinen Spargel, den ich morgens zusammen mit einem Ei esse, wenn ich mir ein fürstliches Frühstück genehmige, diesen Spargel setze ich alle zwanzig Jahre neu. Junge Spargelpflanzen haben in den ersten drei Jahren keine fleischigen Triebe. Aber dann warte ich eben und esse von dem alten, obwohl der wenig abwirft.

Den Porree halte ich frisch, indem ich ihn im Frühjahr ausgrabe. Ich lege ihn in Kisten mit frischer, feiner Erde, man muss nur aufpassen, dass die Wurzeln dranbleiben. Dann decke ich ihn ab. In dieser Art »Nest« hält sich der Porree bis Ende des Sommers.

Kartoffeln und Karotten werden im Schuppen eingelagert. Es muss dunkel sein und trocken, und man darf sie nicht umschichten. Zwiebeln wiederum trocknen aus, wenn der Schopf nach unten zeigt.

Mein Gemüse lagere ich also so, wie ich mich selbst frisch halte: keine überflüssige Verpackung, kein überflüssiges Gewand. Sich gut ernähren, gut schlafen, sich vor Luftzug schützen und vor Feuchtigkeit, Muskeln und Gehirnwindungen in Bewegung halten und keine Giftstoffe!

Dann wird man alt, ohne zu verfaulen.

Bei uns wird alles aufgehoben. Die Angelhaken meines Vaters liegen heute noch in seiner Kiepe. Er hat sie mit eigenen Händen angefertigt. Das halte ich auch so. Auch seine Leitleine und die Schwimmer liegen noch in der Kornkammer. Die kurzen Leinen habe ich an die Wand gehängt, neben das »Boot«, an dem wir sie befestigt haben. Und seine Netze habe ich auch so gelassen, wie er sie aufgehängt hat. Zum letzten Mal 1959.

Damals habe ich mit meinen Schwestern den Hof übernommen. Wir haben unsere Mutter unterstützt, die auch noch meinen kleinen Bruder aufzog. Wenn ich seine Sachen so ansehe, erinnere ich mich wieder, wie hart die Zeiten doch für uns beide waren. Wir hatten vieles gemeinsam. Die Kälte, die Müdigkeit, den Schlaf, der nicht kommen wollte, aber auch unsere Freude am Fischen.

Einerseits ist das nichts, andererseits gibt es nichts Größeres als den Reichtum unserer Erinnerungen.

Später hatte ich dann meine eigenen Netze. Heute lege ich keine mehr aus. Mittlerweile ist es auch verboten. Anscheinend ist das ein europäisches Gesetz.

Aber die Netze meines Vaters habe ich nicht abgemacht. Die rühre ich nicht an. Wenn ich auf die letzte Reise gehe, weiß ich nicht, ob sich jemand um das ganze Zeug kümmern wird. Für meinen Vater habe ich getan, was er für mich sicher auch getan hätte.

Eine Erinnerung an sein Leben.

Ich bin sicher, dass mein Vater, wenn ich vor ihm gestorben wäre, mich auch nicht vollkommen vom Angesicht der Erde getilgt hätte.

Seinen Hammer, seine Zangen und das andere Werkzeug hingegen benutze ich jeden Tag. Wie seine Sense, seine geheiligte Sense, die ich einmal kaputt gemacht habe, als ich noch recht ungeschickt war. Ich hatte sie auf dem »Straßenhund-Feld« in die Erde gerammt und zack, war sie entzweigegangen.

Mein Vater hatte dieses Feld vor dem Krieg gekauft. Ich war sieben, als ich kapierte, dass dieses Feld nun uns gehörte. Er hatte mich, wie üblich, ohne ein Wort einfach mitgenommen. Wir kamen an mit einem Kübel Dung und verteilten ihn mit der Mistgabel. Seltsam, wir brachten Dung auf einem Feld aus, das ich noch nie betreten hatte. Da sagte ich mir:»Wenn man ein Feld erwerben will, muss man also hingehen und Mist drauf verteilen. Dann gehört es einem.«

Am Ende des Tages war mein Vater sehr zufrieden und lächelte sogar ein bisschen. Mein Gedankengang mag einerseits kindisch gewesen sein, andererseits stimmt es doch: Was wir schützen und nähren, was wir achten, das gehört uns.

Natürlich habe ich kein Lächeln geerntet, als ich mit der Sense den Boden aufspießte. Da wurde ich schon eher gescholten:

»Pass auf das Werkzeug auf, Paul. Womit man arbeitet, das muss man achten.«

Von dem Werkzeug, das ich benutze, stammt nur wenig nicht von meinem Vater. Als meine Hacke den Stiel verlor zum Beispiel, habe ich selbst einen neuen geschnitzt. Auch die Kleidungsstücke meines Vaters sind heute noch da. Was die meiner Mutter angeht, bin ich mir nicht sicher. Allerdings sind die Unterröcke noch im Schrank. Aber das ist Sache der Mädels. Ich werde das jedenfalls nicht nachprüfen.

Das Meer war für meinen Vater die reine Freude. Und die hatte er sich verdient, nachdem er aus dem Krieg 1914/18 wiedergekommen war. Sein Zeug zum Fischen ist immer noch da, als könne er es von einem Moment auf den anderen wieder brauchen.

Das Ganze ist doch recht geheimnisvoll.

Die Sachen erinnern mich an ihn, an sein Leben, nicht an seinen Tod. Bei den Werkzeugen ist das anders. Ich benutze sie, weil ich auf dem Hof seine Hände ersetzt habe und in seine Fußstapfen trete, wenn ich zur Aussaat gehe. Aber wenn ich seine Kiepe nehmen würde oder seine Leinen, wenn ich seine alten Sachen verbrennen würde, hätte ich das Gefühl, ihn zu töten, auch wenn sich das blöd anhört.

Im Schweiße unseres Angesichts

Wir verdienen unser Brot immer weniger im Schweiße unseres Angesichts. Man hat uns versprochen, dass mit den neuen Maschinen und Medikamenten ein für alle Mal Schluss wäre mit dem Hunger. Geändert hat sich letztlich nichts.

Aber wir werden älter, so viel ist sicher.

Wir, die Familie Bedel, waren noch nie von gestern. Wir haben recht bald auf Maschinen umgestellt. Schon vor dem Krieg hatten wir eine Dreschmaschine der Marke *Simon frères* und eine Drillmaschine.

Das, was mein Vater angeschafft hat, und die Maschinen, die ich gekauft habe, sobald ich mir ein bisschen was zusammengespart hatte, habe ich jedoch nie gegen etwas Moderneres ausgetauscht. Das war nicht nötig. Schließlich sind meine Felder nicht größer geworden.

1961 haben wir eine gebrauchte Erntemaschine der Marke *Guillotin* gekauft. Meine Schwestern und ich haben immer so zwischen achtundzwanzig und dreißig Hektar bebaut, nie mehr. Ein großer Hof hätte nicht zu uns und unserer Art zu leben gepasst.

Außerdem habe ich vor Schulden mehr Angst als vorm Hungern.

Wir haben immer von »unserem Sach'« gelebt und nie Darlehen gebraucht.

Aber soviel ich sehe, gibt es immer noch Hunger auf der Welt und die Preise steigen und steigen. Man holt die Tiere von den Feldern und ersetzt ihren Dung durch Chemie, die die Erde nicht mehr verdauen kann. Sie hat's an der Leber. Und jetzt bringen wir sie ins Krankenhaus, aus dem man nicht mehr zurückkommt. Ein paar Antibiotika hier, ein paar Pestizide da, ein bisschen von dem und dann von jenem – das ist am Ende doch ganz schön viel. Wie der menschliche Körper auch, wird die Erde krank von den vielen Medikamenten, die wir ihr geben. Natürlich war der Fortschritt nötig, vor allem in medizinischer Hinsicht, und auch, damit man sich nicht gar so schinden muss, aber dann …

Ich kann den Landwirtschaftstechnikern von heute gar nicht mehr zuhören. Natürlich sind nicht alle so, aber einige geben der Erde nur ein paar Medikamente statt sie zu pflegen. Bakterien sind wie alte Leute, sie bleiben am liebsten in ihrer angestammten Umgebung. Man kann die Natur nicht nachahmen.

Unser Boden – auch auf den Grundstücken, die wir zum Ausgleich bekommen haben – hat nach dem Krieg zwanzig Jahre gebraucht, um sich wieder zu erholen. Am Ende aber hat die Erde es ganz allein geschafft. Pilze, Moose, Nager, Bakterien und Regenwürmer hatten wirklich viel zu tun, und das hat seine Zeit gedauert. Wenn du die Erde zu stark umpflügst, kannst du sie gleich auf den Friedhof schicken. Dann fehlt den Bakterien nämlich die Luft zum Atmen! Damit gräbst du dir dein eigenes Grab.

Der Humus hat etwas Menschliches. Einen Meter unter der Erde werden wir auch nicht gerade frischer.

1961 habe ich also 500 000 alte Francs genommen, das entsprach dem Preis für fünf Kühe, und habe damit meinen Traktor gekauft. Teuer, aber noch machbar. Mittlerweile kostet so ein Ding so viel, wie die Getreideernte mehrerer Jahre einbringt.

Da hat man dich schon im Schwitzkasten, bevor du auch nur einmal den Schlüssel umgedreht hast. Du hast noch kein Geld damit verdient, darfst den Traktor aber ein paar Jahre abarbeiten. Wenn ich heute dreißig wäre, wäre ich wirklich entmutigt.

Wenn du Unkrautvernichtungsmittel spritzt, dann nützt das auch nichts, denn das funktioniert immer nur für bestimmte Pflanzen und für andere nicht. Und die überwuchern dann alles. In den letzten Jahren haben wir in La Hague Pflanzen gesehen, die es vorher nicht gab. Blumen mit merkwürdig langen Stielen, Zeug einfach, von dem man nicht mal den Namen weiß.

Wenn du auch nur eine Handvoll Erde zugrunde richtest, ist das wie eine Wunde. Klar verheilt das, aber es braucht Jahre. Heute bekommen die Kühe immer mehr Fischmehl zu fressen. Hast du schon einmal eine Kuh gesehen, die wild auf Fisch wäre? Sie müssen es fressen, und wir, wir Menschen, fressen das, was dabei herauskommt.

Die Sache mit dem Rinderwahn hat nichts geändert, aber rein gar nichts.

Man produziert und verursacht doch Hunger, obwohl das doch Irrsinn ist. Ich glaube, der Mensch will selbst zum Schöpfer werden, will Gott spielen. Ob es nun um Pflanzen geht oder um seltsame Tiere. Die Schöpfung hat Abertausende von Jahren gebraucht. Es hat Jahrtausende gedauert, bis der Mensch wurde, was er ist. Das geschah ganz allmählich und nicht von heute auf morgen. So geht das einfach nicht.

Ich mag nicht besonders gescheit sein, ich lasse den Wissenschaftlern das Wort, aber eins weiß ich, damit kenne ich mich genau aus: mit dem Gold der Ställe, dem Ferment der Erde, mit dem Mist. Davon ernähren sich

Würmer, während du in der Jauche, die man auf den Feldern ausbringt, all die Chemie hast, die Menschen und Tiere heute so zu sich nehmen. Und das findest du dann auch in deiner Nahrung wieder.

Die gentechnisch veränderten Organismen, die machen uns Angst, wie die UFOs, wie der Krieg. Ich habe auf meinen Feldern noch nie allzu viel Ungeziefer gehabt. Da war immer ein bestimmtes Gleichgewicht vorhanden. Aber wenn du die Maulwürfe tötest, dann nimmt das Ungeziefer überhand. Dann kannst du sie »untergraben«, so viel du willst, du wirst ihrer nicht mehr Herr. Und wenn du vermeintlich alle tötest, irgendwas bleibt immer. Und so klein dieser Rest sein mag, er macht Rabatz, wie das auch bei kleinen politischen Parteien der Fall ist. Und zwar so lange, bis er gewonnen hat. Denn die Kleinen wachsen schneller als die Großen!

So ist es auch mit der Gentechnik. Du lässt ein bisschen was von dem veränderten Zeug auf deine Felder, und dann breitet es sich aus. Es hat nichts mehr mit Intelligenz zu tun, wie man heute das Land bestellt! Tomaten auf Gesteinswolle – das ist mir echt zu viel. Die Menschen wollen die Natur unterwerfen, in der auch die Tiere leben, da geht bald alles drunter und drüber!

Häufig will man von mir wissen, was ich von Bioprodukten halte. »Bio«, das ist ein neumodisches Wort. Ich bin Bauer, ohne Zusatz. Aber ich habe darüber nachgedacht. »Bio«, das heißt, dass die Natur aus deinen Händen spricht. Bio heißt für mich: »zwei Hände« – und mehr nicht.

Fortschritt ist nötig

Man vergisst das gerne: In unseren Dörfern verliefen vor einiger Zeit noch keine Abwasserrohre unter dem Straßenbelag, wie das heute der Fall ist. Heute steigt uns der Gestank der anderen nicht mehr beißend in die Nase. Damals musste man die Abortgruben noch richtig ausleeren, während man heute nur auf die Spültaste drückt. Ich habe unsere Grube auf dem Hof oft gereinigt. Dazu hatte ich mir selbst eine Art Schöpfkelle gebastelt: einen Marmeladeneimer, den ich an einem Eisenstab festgemacht habe. Den Inhalt habe ich in eine große Wanne geschüttet und weggefahren. Eines Tages ist die Wanne auf der Straße durchgebrochen, und der Abortkübel der Bedels hat sich mitten im Dorf entleert. Ich habe eigenhändig die Straße gereinigt.

Eine Nachbarin hat das Fenster geöffnet:

»Was treibst du denn um diese Uhrzeit mitten auf der Straße, Paul?«

Aber sie hat meine Antwort nicht abgewartet, sondern das Fenster gleich wieder zugeschlagen.

Das hat vielleicht gestunken!

Durchs Dorf sind ständig kleine Jaucherinnsale gelaufen. Es ist nicht alles schlecht oder falsch am modernen Leben. Zumindest riecht es im Dorf besser, seit wir die Kanalisation haben.

Der Jauchestrom fing ganz oben im Dorf an und suchte sich seinen Weg vorbei an Bistros und Gasthöfen. Bei uns sammelte sich dann die Jauche von den Nachbarn und lief aufs Feld. In jedem Garten stand ein Hüttchen für die menschlichen Hinterlassenschaften. Und Fliegen gab es dort!

Es roch zwar nicht nach Rosen, aber so schlimm gestunken wie heutige Jauche hat es auch nicht. Was mich am meisten stört, ist der Geruch, wenn die Kühe Silofutter gefressen haben. Das riecht dann nach Medikamenten und künstlichen Sachen, dass es dir die Nasenlöcher verätzt. Dung von Tieren, die weder Gras noch Blumen gefressen haben – das riecht einfach nicht mehr natürlich.

Früher fuhr man mit dem Pferdewagen die monatlichen Abfälle weg und entsorgte sie an der frischen Luft. Etwa zwischen Saint-Germain und Laye.

Dazu kamen noch ein paar kleinere »Müllkippen« in der Landschaft. Dort luden die Umweltverschmutzer ihren Dreck einfach ab. Wenn es Wind gab – was bei uns immer der Fall ist –, flog das Papier durch die Gegend und landete natürlich auf den Feldern. Dann versuchte man von Zeit zu Zeit, den Dreck mit einem kleinen Bagger zu vergraben.

Die elektrischen Geräte, die ich im Haus habe, stammen fast alle von der Müllkippe in Laye oder La Taille. Die Leute haben dort ihre Elektrogeräte entsorgt, und ich habe mich versorgt. Das hat gut funktioniert, ich habe für so etwas ein Auge.

Wenn man gute Butter haben will, muss die Buttertrommel fünfzig Umdrehungen pro Minute machen. Aber wenn man sie mit der Hand dreht, schafft man nach einer halben Stunde höchstens dreißig. Meine Arme sind kein guter Motor. Ich musste früher zwei Stunden lang drehen! Was für eine Knochenarbeit.

Ich wurde älter, und meine Schwestern sorgten sich. Das mit der Butter ging nicht mehr schnell genug. Da hatte ich die Sache satt. Ich hatte keine Lust mehr, mich dauernd anmeckern zu lassen. Also auf zur Müllkippe von La Taille. Dort habe ich eine alte Waschmaschine gesehen. Ich hatte mein Werkzeug dabei und habe sie zerlegt, um sie auf der Schubkarre nach Hause zu verfrachten. Mit meinem kleinen Bruder habe ich ein wenig herumgebastelt und mit Hilfe eines Antriebsriemens haben wir unsere alte Buttermaschine motorisiert. Jetzt haben wir eine ganze Stunde lang unsere fünfzig Umdrehungen pro Minute.

Das war ein Geschenk, das ich mir selbst gemacht habe.

Aber ich sage trotzdem Danke schön.

Heute redet man viel über Umweltverschmutzung, aber bei uns lebte man mitten drin. Daher finde ich den Fortschritt auch gut, vor allem, wenn man ihn sieht.

Über Vauville zum Beispiel, wo das Heidekraut wächst, sagte man früher:»Dort stinkt's nach den Leuten aus Cherbourg.« Tag für Tag kamen dort die Lastwagen an und luden den Dreck aus der Stadt ab. Wirklich wahr. Wir haben damals nichts gesagt, aber jetzt kümmern sich die Leute aus Vauville darum, dass die ihren Dreck woanders hinbringen. Jeder ist sich selbst der Nächste, sage ich. Sollen die Leute ihren Dreck doch bei sich entsorgen. Damals ging es gar nicht um Touristen und Feriendörfer, und ein Thema für die Medien war das damals auch nicht.

Heute müssen wir auf das Meer achtgeben. Den Dreck, den wir früher auf den Feldern hatten, den schwemmt es uns jetzt am Strand an. Das ist Hausmüll, aber er kommt von den Schiffen.

Weitergeben

Wenn ich Leute treffe, heißt es oft:

»Wieso sieht man dich in letzter Zeit überall? Früher bist du doch auch nicht unter die Leute gegangen.«

Ja, aber da litt ich auch an Einsamkeit. Die Jungen zogen alle weg, und ich dachte schon, ich müsse ganz alleine alt werden, ohne irgendjemandem noch etwas beibringen zu können. Ich hatte das Gefühl, mein Leben sei zu gar nichts nütze. Aber heute besuchen mich junge Leute aus den Landwirtschaftsschulen. Sobald der Bus ankommt, höre ich ihre Stimmen, und das macht mir wirklich einen Heidenspaß. Mit den Jungen muss man sich richtig auseinandersetzen:

»Sag mal, Paul, ihr habt euren Kühen Mais gegeben?«

»Um Gottes willen, Kühe fressen Gras. Ihr Magen ist darauf eingerichtet. So wie der Kälbermagen auf Kälbermilch eingestellt ist.«

»Ja, aber ohne Mais bekommt man doch weniger Milch.«

»Vielleicht haben wir weniger Milch, aber meine Butter, mein Kleiner, schmeckt erstklassig. Und man muss die Milch nicht vorher ›reinigen‹, damit der Geschmack nach Silo und Jauche weggeht! Denn wenn du deiner Kuh Mais gibst, stinkt ihr Dung. Und da alles miteinander zusammenhängt, nimmt auch ihre Milch einen schlechten Geschmack an. Außerdem sterben Kühe heute sehr früh, weil sie an Zirrhose eingehen.«

»Ja, aber wir lernen, dass man ihnen Gegenmittel geben kann.«

Da rege ich mich dann richtig auf:

»Aber das ist doch nur ein Geschäft für die Labore und die Industrie. Das ist wie mit der Kuhmilch, die man den Kleinkindern gibt. Die Muttermilch ist auf jeden Fall besser für sie. Bei den Kälbern erzählt man euch, dass sie ›Korken‹ brauchen (Sojagranulat in Korkenform). Da weiß man nie genau, was drin ist. Für einen Anbau wie diesen hier braucht man viel Wasser und Erde. Die Wiesen grünen von selbst.«

Eine Kuh zu ernähren sollte nichts kosten.

Die jungen Leute bewundern in meinen Ställen meine »Lebensklugheit«: Alteisen, Eimer, Batterien, die an jedem Eingang hängen, denn der Strom kann ja schließlich mal ausfallen. Das ist durchaus möglich, auch wenn man neben einem Kernkraftwerk wohnt.

Kaninchenställe voller wohlgenährter Tiere stehen heute dort, wo früher der Platz der Kälber war. Die Enten patrouillieren über den Hof und picken das ein oder andere auf, baden in alten Töpfen und Schüsseln voller Wasser. Die Tigerkatzen, die so groß sind wie ein kastrierter Kater, weil sie von den Schwestern zu viel zu fressen bekommen, stillen ihren Durst an einer Pfütze. Marie-Jeanne, meine jüngste Schwester, geht mit einem Arm voller Blumen über den Hof, die sie in die kleine Kirche bringt.

Ein junges Mädchen fragt:

»Wie alt wurde Ihre älteste Kuh, Paul?«

Ich drehe mich um und sehe sie belustigt an:

»Wie viel gibst du denn einer guten Milchkuh, um anständige Milch zu produzieren?«

»Nun, acht Jahre höchstens.«

»Dann ist das eine Kuh, die Mais frisst, und die schlechte Verdauung ist schuld, dass sie frühzeitig altert. Meine Kühe werden mitunter so alt wie ihr mit euren achtzehn Jahren, dann sind sie sozusagen volljährig, und ich bin sicher, dass sie sogar noch Kälber bekommen könnten. Ich habe mal gehört, dass Kühe bis zu dreißig Jahre alt werden können.«

Die Jungen feixen in ihrer Ecke. Sie schreiben in ihr Heft: »Pauls Kühe werden achtzehn Jahre alt und sind somit volljährig.«

Ich versuche, ihnen das zu erklären:

»Wenn ihr sie achtet und ihnen kein Sojafutter gebt, dann werden auch eure Kühe so alt werden. Und ihr müsst euch nicht verschulden, um Futter für sie zu kaufen. Ihr seid nicht mehr von den Amerikanern abhängig. Das ist doch schon was, auf die nicht mehr angewiesen zu sein.«

»Paul, haben Sie je geraucht?«

»Bestimmte Fragen sind nicht zulässig. Muss ich darauf antworten?«

Ihr Lehrer scherzt:

»Sie sind nicht verpflichtet, das ist ja schließlich kein Verhör.«

»Ja, ich habe geraucht.« Dabei lege ich eine Hand aufs Herz, die andere auf meine Hosentasche, wo ich mein Kreuz, die Medaille der heiligen Therese und meine Tabletten aufbewahre. »Zwanzig Jahre lang habe ich heimlich geraucht, ich war ein Dummkopf. Während der Militärzeit gehörten Zigaretten zum Marschgepäck. Da seht ihr mal, wie die Zeiten sich ändern, heute gibt es das nicht mehr. Ich habe nur draußen auf dem Feld geraucht, heimlich, weder meine Eltern noch meine Schwestern haben es je mitbekommen. Als ich dann jedoch den Herzanfall hatte, musste ich dem Arzt auf seine Fragen antworten und meine Schwester hat mitgehört. Da habe ich es zugegeben: ›Ja, ich habe mehr als zwanzig Jahre lang geraucht, und noch dazu Gauloises ohne Filter.‹«

Da hätten sie meine Schwester mal sehen sollen! Aber sie hatte ja recht, auch wenn ich damals schon seit fünfzehn Jahren aufgehört hatte. Eine Schachtel am Tag, zwanzig Jahre lang, das hinterlässt schon Spuren!

Die jungen Leute machen ihre Zigaretten aus.

»Lasst die Kippen nicht hier, sonst fressen sie die Enten! Und dann rauchen sie vielleicht aus allen Löchern!«

Doch die Besichtigung ist noch nicht vorüber, und so erzähle ich weiter:

»Ich war nicht auf der Intellektuellen-Schule, ich bin bei meinen Vorfahren in die Lehre gegangen. Sie haben wenig geredet, aber ich habe viel zugesehen. Wenn ich etwas fragte, hieß es: ›Schau erst und frag dann!‹ Ein bisschen wie eine Stute, wenn sie sich mit ihrem Fohlen einer gefährlichen Bucht nähert. Dann drängt sie es mit dem Kopf ab.

Ich habe durchs Zuschauen gelernt. Durch Nachdenken und Zuhören, wenn mein Vater, mein Großvater oder meine Onkel mir die Ehre erwiesen und mir etwas erklärten. Ich hätte mich nie getraut, so zu reden wie ihr heute. Man sprach seinen Vater nicht an. Das war einfach nicht üblich. Aber damals hatten wir auch noch Zeit, anders als heute. Die Antwort auf deine Fragen fand sich schon irgendwann. Dabei wurde man nicht so alt wie die Leute heute. Mit fünfzig warst du fertig, alt. Jetzt bist du erst mit achtzig alt. Und es gibt sogar Leute, die hundert werden.«

Entendaunen schweben durch die Luft und lassen sich

auf den Steinen nieder. Die drei Mädchen sammeln sie auf. Ich erzähle weiter:

»Heute sind die Kopfkissen aus Watte, aus Molton. Damals hat man das, was ihr jetzt in Händen haltet, in die Kissen gestopft. Man hatte große, leuchtend rote Kopfkissen und Federbetten. Die waren so leicht, dass man sie gerne über die Füße legte, um es warm zu haben. Wir haben nichts gekauft.«

Eine probiert's:

»Aber dann mussten Sie wahrscheinlich ständig niesen. Bestimmt hat das Allergien ausgelöst.«

Ich schüttle den Kopf:

»Aber gar nicht. Wenn man auf dem Land aufwächst, ist man gegen nichts allergisch. Man ist sozusagen geimpft.«

Wir gehen auf den Schuppen zu, in dem der Traktor steht. Ihre Beine sind schon schwer, die Turnschuhe sind nicht zugebunden, die Schnürsenkel ziehen sie auf dem Boden nach. Ich steige auf eines der Bänder drauf, damit der Junge es merkt, aber er reagiert nicht:

»Aufgepasst, du wirst gleich hinfallen.«

»Aber nein, Paul, das ist jetzt so Mode. Wir binden uns die Schnürsenkel nicht mehr.«

»Das soll wohl Zeit sparen?«

»Wenn man so will …«

»Wenn du früher in Holzpantinen herumgelaufen wärst, dann wüsstest du, wie toll es ist, richtige Schuhe zu haben. Um die Pantinen musste man eine Schnur wickeln, damit sie am Fuß hielten. Turnschuhe würde ich auch anziehen, aber nicht so. Das erinnert mich ein wenig an die Holzschuhe, die man ständig verlor. Wenn ich mal Geld übrig habe, kaufe ich mir, glaube ich, auch ein Paar Turnschuhe.«

Als die jungen Leute das hören, brechen sie in helles Gelächter aus. Sie meinen, damit würde ich aussehen wie ein Bauer im Vorgarten. Einer der Jungs hatte mal einen noch witzigeren Vergleich: Paul Bedel in Turnschuhen, das sähe aus wie ein Pariser, der sich ans Fußfischen macht, einer von denen, die aus der Stadt aufs Land »fliehen«. Ein armer Irrer eben! Was haben wir gelacht!

Aber weiter mit dem Rundgang. Wenn ich sie in den Schuppen mitnehme, in dem mein Traktor steht, halten alle die Luft an. Man möchte meinen, die jungen Leute betreten eine Kirche. Um ihnen eine Freude zu machen, lasse ich ihn an und fahre damit auf den Hof. Die Jungs fotografieren und sehen sich den einfachen Motor genauer an. Sie streichen mit der Hand über den Traktor, tätscheln seine Flanken. Ja, das ist echte Mechanik. Natürlich steigen sie auch auf.

»Was kostet so ein Traktor?«

»Der hat mal fünfhunderttausend Francs gekostet, aber in alter Währung.«

»Und wie schnell fährt er?«

»Fünfzehn Stundenkilometer im Vorwärts- und Rückwärtsgang! Im zweiten neun Stundenkilometer, im ersten einen.«

»War er schon mal kaputt?«

»Zum ersten Mal im Juli 2006, auf dem Magdalenenfest, als man mich gebeten hatte, ›Pauls Streitwagen‹ zu bringen. Auf der Rückfahrt gab die Kupplung den Geist auf. Der Mechaniker hat Monate gebraucht, um ihn wieder in Ordnung zu bringen. Das war das einzige Mal, dass ich ihn nicht selbst repariert habe.«

Ich stelle den jungen Leuten immer gern eine Frage, vorzugsweise diese:

»Ist eine Kuh glücklich?«

Dann feixen sie immer so ein bisschen herum, aber im Grunde wissen sie nicht, was sie darauf antworten sollen. Das ist wie mit der Liebe. Meine Schwestern und ich lieben unsere Kühe. Es macht mir nichts aus, das zuzugeben. Eines Tages bin ich mit so einer Landwirtschaftsklasse in einen modernen Stall gegangen. Ich habe nichts gesagt, mir blieben nämlich die Worte im Hals stecken. Der Lehrer hat es bemerkt und mich gefragt:

»Das gefällt Ihnen nicht?«

Ich habe geantwortet:

»Wir befinden uns im Zeitalter der schwanz- und hornlosen Kuh. Vierundzwanzig Stück! Bedauernswerte Milchmaschinen … denen man die Hörner absägt, damit sie auf dem winzigen Raum, den man ihnen lässt, den Viehhalter nicht verletzen. Da muss man doch nur das Plakat für die nächste Landwirtschaftsmesse ansehen. Das ist keine Kuh, das ist ein Außerirdischer. Eine Kuh ohne Hörner, die nicht einmal mehr nach Kuh aussieht. Sie ist wirklich hässlich wie ein Baum, dem man alle Äste abgeschnitten hat. Aber wahrscheinlich geht es bloß darum, dass sie mit den Hörnern nicht durch das kleine Loch kommt, das sie vom Futternapf trennt. Dann sägt oder brennt man ihnen eben die Hörner ab. Vermutlich werden sie ohnehin bald nur noch Tiere züchten, die winzige Hörner haben. Und in der Werbung sieht man dann lachende Kühe. Wie wäre es denn, wenn man denen mal die Hörner absägte? Und den Schwanz schneidet man ihnen aus hygienischen Gründen ab. Die EU-Gesetze.«

Ich mag es, mit den jungen Leuten zu reden. Aber ich ziehe es vor, dass sie zu mir kommen. Wenn ich sie begleite, ist es nicht dasselbe. Dann sehe ich, wie die Tiere leiden und habe das Gefühl, man habe all das mir angetan. Wenn man nur darüber reden hört, das geht noch, aber wenn man es selbst sieht ... Das sind doch keine Kühe mehr, das sind Milchbatterien. Sie heben den Kopf schon gar nicht mehr, wenn jemand vorbeigeht, ob Erwachsener oder Kind. Sie bewegen den Schwanz nicht mehr, wenn du näher kommst. Sie danken es dir nicht mit den Augen, wenn du ihnen eine Handvoll Heu gibst. Ich habe es versucht, aber das Heu interessiert sie genauso wenig wie alles andere. Sie starren nur ihre Fertignahrung an. Die Kühe in so einem Laden deprimieren mich. Ich kann den jungen Leuten zeigen, wo ich glücklich bin. Das verstehen sie. Manchmal sind ihre Hände schon braun wie die der Seeleute. Das riecht nach Frost und Arbeit. Man sieht es an den Nägeln, gerade bei den Mädchen. Du siehst sofort: Diese jungen Leute sind, wie ich in ihrem Alter war. Sie haben Hoffnungen, Träume, Zweifel und Bauernhände, in deren Furchen die Erde sitzt.

Ich fühle mich ganz klein neben ihnen, weil es mich tief berührt, dass da Nachfolger sind, dass es weiterhin Bauern geben wird. Das aber möchte ich ihnen mit auf den Weg geben: Noch vor eurem Beruf müsst ihr euer Privatleben auf die Reihe bekommen. Gründet eine Familie. Bleibt nicht allein auf eurem Stück Land. Wir sollten uns nicht mit Leib und Seele unserem Beruf verschreiben. Und damit der Einsamkeit.

Ich hatte Glück. Ich habe eine Familie. Nicht alle Bauern haben so viel Glück. Ich weiß, dass viele unglücklich sind, weil sie so allein sind, und das wünsche ich niemandem. Niemand will das.

Auch ein froher Bauer ist glücklicher, wenn er eine Gefährtin hat ...

Die Schwestern sind da offensichtlich anderer Meinung. Sie sagen, es tue ihnen nicht leid, dass sie sozusagen übrig geblieben sind. Aber sie mussten sich auch nicht entscheiden, ob sie in La Hague bleiben oder in einen anderen Teil des Landes gehen wollten. Françoise hat immer eine schöne Antwort parat, wenn es um dieses Thema geht. Sie sagt, das Ganze habe nun mal mit Liebe zu tun, und Liebe fällt halt nicht einfach vom Himmel wie der Regen.

Auf Pauls Art

Eine kleine Tour aufs Feld. Im Oktober mache ich zu, nach der Ernte wird umgepflügt. Ich habe abgewartet, die Wurzeln des Getreides sind nun vertrocknet. Ich belüfte die Erdoberfläche, indem ich mit dem Traktor im Kreis pflüge, aber nicht besonders tief, höchstens fünf oder sechs Zentimeter. Ich fahre mit dem Pflug drüber und ziehe kleine Furchen. So werden die Wurzeln und die übrig gebliebenen Stängel herausgezogen, die Pflanze hört auf zu wachsen.

Das Feld macht zu. Es hat gut getragen, jetzt hoffe ich auf eine bessere Ernte im nächsten Jahr. Ich hoffe immer auf eine bessere Ernte. Wenn ich – symbolträchtig – das Gatter hinter mir schließe, beschleicht mich unweigerlich das Gefühl, ganze Arbeit geleistet zu haben.

Im November, nach den großen Herbststürmen, sammle ich den Tang ein. Er wird einfach angeschwemmt. Blatttang, das sind fünf bis sechs Zentimeter breite Blätter, »Meerjungfrauenhaar«, das braune Fell des Ozeans. Diese großen, schön geformten Algen kommen aus der Tiefe des Meeres. Hier in La Hague nennen wir sie *tangoun*. Der Blatttang hat kräftige Wurzeln und fühlt sich an wie Kautschuk. Unverkennbar. Diesen Tang bringe ich auf den Feldern aus.

Im Februar folgt der zweijährige Mist, der getrocknete Mist meiner Kälber, den ich gleich einarbeite. Beim Blatttang kommen die einzelnen Schichten aufeinander.

Den Dünger bringt man mit der Hand aus oder mit der Gabel. Du teilst das Feld ein wie ein Schachbrett, in helle und dunkle Streifen. Das Feld darf nicht gleichförmig aussehen. Du weißt, dass du gute Arbeit geleistet hast, wenn es fleckig aussieht, aber in deinen Augen ist es sauber!

Der Tang vom November wird im Februar gewendet. Heute setzen die Jahreszeiten ja später ein. Man fängt zwar im November an, gräbt aber erst im März um. Alles ist verschoben. Der Winter kommt zu spät, aber daran muss man sich gewöhnen.

Guter Mist bleibt zwei Jahre lang auf dem Haufen liegen, damit er sich zersetzt. Sonst wird er zu Staub, dann ist alles umsonst. Ob er gut ist oder nicht, weißt du, wenn du ihn am liebsten essen würdest, weil er so gut riecht. Wenn du ihn anfasst, stinken deine Hände danach nicht. Das ist praktisch, denn einerseits ist der Misthaufen dein höchstes Gut, andererseits wird ihn dir nie jemand klauen!

Meiner stinkt nicht. Der frische Mist, der nur ein Jahr alt ist oder gerade aus einem dieser Riesenställe kommt, der riecht viel zu stark. Der stinkt nach Scheiße, das muss man wirklich sagen!

Wenn die Tiere kein Gras, sondern Silofutter gefressen haben, riecht man das. Und wenn man dieses Scheißzeug auf die Kartoffeln tut, schmecken die später danach.

Außerdem muss man beim Misthaufen mit dem Stroh aus den Ställen vorsichtig sein. Da kann weiß der Teufel was dran sein. Dann trägt der Mist dir das Unkraut auf die Felder oder noch schlimmeren Dreck.

Meiner Ansicht nach ist der beste Mist der, den man bekommt, wenn die Tiere Farn fressen. Die kleinen Farne, die unter den Hufen des Hornviehs viel zu schnell kaputtgehen, nicht die großen mit den langen Stielen.

Wenn ein Kälbchen auf die Welt gekommen ist, haben wir die Box mit Stroh aufgefüllt, Tag für Tag etwa sechzig Zentimeter. Beim Stallreinigen warf man alles auf einen extra Haufen. Diese Art von Mist braucht länger zum Reifen, fast sechs Monate länger, also insgesamt zweieinhalb Jahre, je nach Wetterlage. Die Zwerghühner gingen in den Kälberställen ein und aus. Sie mögen die Wärme. Der Stall war ihr Hühnerhaus, dort brüteten sie auch. Als wir 2003 den Kälberstall aufgaben, waren sie fertig mit den Nerven. Wir haben den Zwerghühnern immer die Eier weggenommen und sie weichgekocht gegessen. Den Hühnern haben wir dann die großen Eier der Legehühner untergeschoben. Das hat ihnen aber nichts ausgemacht. Sie haben die großen Küken so erzogen, als wären es ihre eigenen. Das war wirklich komisch, denn schon bald waren die Küken größer als ihre zwergwüchsigen Mütter.

Kälbermist ist mit das Beste, was es für den Boden gibt, aber auch zum Ausbrüten der Eier. Und es gibt noch einen anderen Kniff, den ich euch verraten will:

Früher nahm man eine Krummhacke, um das Unkraut zu entfernen und die dicken Grasbüschel am Fuß unserer Steinmäuerchen herauszureißen, die die Felder umschließen. Wie in Irland oder vielmehr wie hier, am äußersten Zipfel von La Hague, denn eigentlich weiß man nicht, wer angefangen hat, die Felder auf diese Weise zu befestigen.

Ich habe immer schon den Boden beackert. Du müsstest mal die Tonnen von Steinen sehen, die wir hier jeden Winter aus dem Boden holen. Sie wachsen wie das Gras. Auf dieser Erde kratzt du herum, immer und immer wieder. Und du weißt, dass du sie liebst, weil sie genauso arm ist wie der arme Hund, der versucht, aus ihr etwas herauszuholen.

Dann haben wir die Wurzeln der Grasbüschel abgestochen. Wir fuhren das Zeug in die Mitte des Feldes. Auf eine Lage Grassoden folgte eine Lage Frühjahrstang, darüber eine Lage Grassoden und so weiter, bis der Haufen mannshoch war. Das nannten wir dann »Grab«, ein hervorragender Dünger für die Weiden. Wir haben ihn später direkt in einer dünnen Schicht auf den Wiesen ausgebracht. Auf diese Weise haben wir das Unkraut erstickt, wir haben es gleichsam »gesalzen«.

Nach drei Wochen konnte man die Früchte seiner Arbeit sehen: Das Feld war blitzsauber. Die ganzen Unkrautbüschel waren verschwunden, man ging wie auf einem Rasen. Und Bedels Kühe hatten was richtig Gutes zu fressen.

Wenn die Butter Milch gibt

Bei uns hat man auf den Knien gemolken. Ich hatte keine Lust, einen Hocker oder Schemel mitzunehmen, um mich draufzusetzen. Manchmal sagen die Leute mir, so viel Elend treibe ihnen die Tränen in die Augen. Dabei hat es doch nichts mit Elend zu tun, wenn man entscheidet, wie man melken will.

Wenn jemand auf den Knien betet, heißt das doch auch nicht, dass er besonders unglücklich ist. Mit einem Schemel haut es dich schnell um, wenn das Tier dir einen Tritt verpasst. Du kippst nach hinten und wenn du Pech hast, latscht die Kuh über dich drüber. Wenn du auf Knien melkst, musst du dich nicht so beugen, dann tut der Gürtel schon weniger weh. Rückenschmerzen können nämlich durchaus auf den Magen zurückgehen, auf die Verdauung. Auf Knien fällst du nicht um. Du bist ja schon auf dem Boden. Für mich ist es ein Elend, einen Schemel mitzuschleppen, wenn man ohnehin den ganzen Tag irgendetwas zu tragen hat. Und eine Melkmaschine hatte ich nie. Besser gesagt hatte ich derer gleich zwei: meine Schwestern!

Und meine Schwestern hatten beim Melken ganz schön was zu tun.

Wenn ich gekonnt hätte, hätte ich mein Handwerk bis zum letzten Atemzug ausgeübt. Mein Handwerk war mein Leben, ein Leben, das ich liebte.

Ich war nicht unglücklich, niemals. Ich hatte, wie alle

Menschen, Augenblicke des Zweifels und der Verzweiflung. Zum Beispiel, als ich meine Eltern begraben habe. Meine Arbeit schenkte mir allerhand Freiheit. Auch heute noch. Ich kann aufstehen, mich hinlegen und sterben, wann immer ich will.

Im Stall hockte ich mich hin, wenn ich melken wollte, damit ich mich nicht schmutzig machte. Die Kuhfladen lagen überall herum. Auch wenn ich vorher sauber machte, blieb doch immer etwas liegen und für Nachschub war ja auch gesorgt.

Man hatte den Geruch von Milch an sich, wie der Fischer den Geruch des Meeres mit sich trägt.

Da konntest du dich noch so viel waschen, du hast immer ein wenig süßlich gerochen, nach Bauernhof eben. In der Hocke bist du den Tieren noch näher, du legst die Stirn an ihre Kruppe. Die Gerüche hier sind schwer zu erklären. Sie sind uns eingeschrieben, wahrscheinlich tragen wir sie im Blut, auf jeden Fall in unseren Geschichten. Meine Schwestern haben sich einen Schal genäht, um sich vor der Zunge der Kühe zu schützen. Die Tiere drehen sich beim Melken um und versuchen, dir das Gesicht und die Haare abzulecken. Vom schmutzigen Schwanz ganz zu schweigen.

Das ist eben Berufsrisiko!

Wir haben die Milch nie in eine Molkerei gegeben. Deren Dienste hätten wir teuer bezahlen müssen. Außerdem hatten wir nie Schwierigkeiten, unsere Butter zu verkaufen. Da war die Nachfrage immer größer als das Angebot.

Wir haben fast nur von dem gelebt, was wir selbst produzierten. Wobei der Umgang mit Milch viel Fingerspitzengefühl und Sauberkeit erfordert. Alles wird sofort nach Gebrauch gereinigt. Wenn deine Kühe Steckrüben fressen, schmeckt die Milch danach. Nie im Leben werde ich eine Kuh melken, die mit Silofutter ernährt wurde, diese Milch stinkt!

Man gießt die Milch erst einmal in die Zentrifuge, dann geht das Sahnemachen los. Die Zentrifuge wird von einer Kurbel angetrieben. Die Sahne fließt in den Eimer, die Molke zurück in die Milchkanne. Die Sahne der Vortage wird in einem irdenen Krug aufbewahrt, der sich schon seit Menschengedenken im Besitz unserer Familie befindet. Das Ganze schüttet man dann in die Buttermaschine. Nach einer Stunde füllt man die Butter langsam ab. Man muss mit den Händen kneten, nicht mechanisch. Man muss die Butter sanft behandeln, sonst wird sie zu trocken.

Marie-Jeanne hat sie mit Gewichten ausgewogen, früher haben wir dazu Kieselsteine vom Strand genommen. Sie legte einen großen Klumpen auf die Waage und tarierte sie aus. Dann füllte sie die Butter in einen Henkeltopf, die Molke bekamen die Kälber. An der Wasserpumpe im Hof wuschen wir die Utensilien.

Butter und Sahne haben wir bis 2004 verkauft. Auf diese Weise haben wir weniger einschichtig gelebt. Jede Woche kamen Leute vorbei.

Ich werde wohl nie wieder »Milchbutter« essen. Die hatten die Schwestern noch nicht von Hand geknetet, deshalb enthielt der Butterklumpen noch Milch. Die Butter »tropfte«.

Ich habe immer gehört, wenn die Buttermaschine anhielt. Wenn das Signal ertönte, bin ich sofort hingelaufen. Ich habe die Kammer geöffnet und mir mit meinen großen Pfoten ein Stück Butter herausgeholt. Es blieb an meinem Finger hängen, bis ich in der Küche war, wo ich es auf ein Tellerchen legte. Dann suchte ich heimlich –

denn es ist erbärmlich, wenn ein echter Normanne sich benimmt wie ein Bretone – den Salztopf hervor und würzte die Butter mit einer Prise Salz. Normannische Butter ist im Gegensatz zu bretonischer nämlich ungesalzen. Die so gesalzene Butter habe ich dann auf das Brot gestrichen. Mir lief das Wasser schon im Munde zusammen, noch bevor mir meine »Machenschaft« über die Lippen ging.

Diese Butter, die frisch aus dem Butterfass kam und noch nicht für den Verkauf geknetet war, hätte sogar einen Toten aus dem Grab auferstehen lassen.

Danach war ich satt und zufrieden und half den Schwestern, die Gerätschaften zu säubern. Eine von beiden war dann meist schon dabei, die 500-Gramm-Stücke abzuwiegen und mit einem Holzspatel rund zu formen.

Seit wir keine Butter mehr machen, esse ich auch keine mehr. Allerdings habe ich wieder angefangen, Radieschen anzubauen. Und die kann ich nicht ohne Butter essen.

Als meine Radieschen wuchsen, habe ich eine halbwegs erträgliche Butter aufgetrieben. Mir werden zwar die Zähne immer ein wenig lang, wenn ich sie esse, aber was soll's … es ist nun einmal keine »natürliche« Butter. Ich kaufe sie gesalzen, das verdeckt den Geschmack wenigstens ein bisschen. Die Schwestern schimpfen immer mit mir. Sie kaufen Butter auf dem Markt von Beaumont, die ist noch nach alter Tradition gemacht. Natürlich würden sie auch mit mir teilen, aber ich überlasse sie ihnen. Es ist ihre Butter. Außerdem sprießen die Radieschen auch nicht ewig. Und zum Frühstück esse ich trocken Brot.

Françoise hat sogar angefangen, Nutella zu futtern! Aber trockenes Brot mit ein wenig selbstgemachter Marmelade schmeckt auch sehr gut.

Wir waren einfach blöd. Wir hätten eine Kuh behalten sollen, nur eine einzige …

Meine Schwestern finden es zu schrecklich, dass wir Butter aus der Molkerei essen sollen.

Aber genau das steht uns bevor, da beißt die Maus keinen Faden ab.

Buttergeschäfte

Den *matous*, den Kälbern, gaben wir die unbehandelte, fette Milch, den Färsen die entrahmte. Wir fütterten sie mit Milch und Heu.

Das Kalb verkauft man schon mit acht Tagen an den Metzger (geschlachtet wird es mit drei Monaten) oder man kastriert es mit einem Jahr und verkauft es, wenn es zweijährig ist. Dieser Ochse darf sich auf der Weide fett fressen.

Ochsen sind ziemlich verfressen, sie machen dir das Feld sauber. Nach den Fleischkälbern lasse ich die Färsen auf die Weide, dann die Schafe, hübsch nacheinander. Ihr Mist düngt die Erde.

Die Schafe, die wir *bercas* nennen, vollenden dann das Werk. Sie fressen die Grasbüschel, kratzen sie richtig aus der Erde heraus. Die Kühe mögen es nicht, wenn sie auf der Weide Kaninchen riechen. Das passiert vor allem, wenn es in einem Jahr sehr viele gibt, dann kommen sie von der Heide her. Sobald die Kühe die Kaninchenköttel riechen, hören sie auf zu fressen und geben keine Milch mehr. Mit den Schafen ist das ähnlich. Mit den Kühen ist nichts mehr anzufangen, wenn man sie auf eine Weide führt, auf der vorher Schafe gegrast haben.

Unser Gras wird zu Milch. Es dient zur Butterherstellung. Wir haben nicht genug Land, um Fleisch- und Milchvieh gleichzeitig zu halten. Fleischvieh warf mehr ab, aber wir haben uns für Butter und Sahne entschieden.

Auch wenn der Milchpreis gefallen ist, sind wir nicht arm geworden. Man muss nur wissen, wo Geld zu holen ist. Wir mussten uns auch nicht nach einer Molkerei richten, denn in diesem Fall hätten wir drei oder vier Kühe mehr anschaffen müssen. Abholung, Transport und das Entrahmen der Milch hätten schließlich Gebühren gekostet. Und das hätte wiederum mehr Arbeit bedeutet. Wir mussten nie hektisch herumrennen wie unsere Nachbarn, die, sobald der Molkereiwagen kam, zum Gatter stürzten. Der Zeitplan war so streng, dass sie keine Freiheit mehr hatten, nicht mehr so arbeiten konnten, wie sie wollten. Wir aber, die Familie Bedel, wir hatten diese Freiheit. Denn es ist schön, viel Zeit zu haben, das ist unser eigentlicher Reichtum. Und samstags bekamen wir dann immer Besuch von unseren etwa dreißig treuen Kunden und zwanzig anderen, die nur gelegentlich vorbeischauten. Das mochten meine Schwestern. Wenn Besuch kommt, erfährt man die ein oder andere Neuigkeit, und dann konnten sie unter der Woche darüber reden.

Einmal wollte ein Paar, das wir nicht kannten, am Pfingstsamstag ein ganzes Pfund Butter kaufen, und wir hatten nur noch ein Kilo. Da ich der Gesprächige in der Familie bin, habe ich mich eingeschaltet und den Handelsvertreter gespielt:

»Ich will Ihnen ja nichts aufschwatzen, aber wenn Sie das restliche Pfund auch noch nehmen, werden Sie es nicht bereuen.«

Die beiden fangen an zu disputieren, sie will nicht, aber der Mann hat schon begriffen, was ich ihm sagen will: In einer Stunde ist keine Butter mehr da!

Im Jahr darauf kamen sie dann etwa zur selben Jahreszeit wieder. Man redete so hin und her: »Ach, Sie hatten ja so wunderbare Butter. So etwas haben wir noch nie gegessen. Wir sind extra mit einer Kühltasche gekommen und würden gerne alles kaufen, was Sie erübrigen können!«

»Aber meine Herrschaften, da sind Sie zu spät. Die Butter für diese Woche ist schon verkauft.«

Für die Stammkunden haben wir uns manchmal sogar die Butter vom Mund abgespart. Die brachten vorher ihre Tellerchen vorbei. Meine Schwestern mussten die Namen gar nicht draufschreiben, sie erkannten die Kunden am Teller.

Für die Sahne brachten die meisten ein Marmeladenglas mit. Gelegentlich verkauften wir auch Milch, kannenweise, aber immer so wenig wie möglich. Wir haben uns dabei stets an den Preis gehalten, den die Molkerei auch verlangte. Und wenn man den Preis dann erhöhte, wurden manche Leute recht schmallippig.

Ein paar Kunden sind später weggeblieben, was meine Schwestern sehr getroffen hat. Das war, als der Euro kam, da war im Unico die Milch billiger. Wir haben den Supermarkt von Beaumont-Hague immer so genannt: Unico. Die Schwestern ließen eine Zeitlang den Kopf richtig hängen. Auch unsere Butter verkaufte sich nicht mehr so gut, schlechter bei den Hiesigen und fast gar nicht mehr bei der Laufkundschaft. Was sie besonders traurig stimmte, war, dass man bestimmte Leute einfach nicht mehr sah, denn mit der Zeit gewöhnt man sich an die Menschen. Man kennt sie, kennt ihre Geschichte, weiß, was sie so vorhaben. Und das Ganze wegen ein paar Cents.

Wer wollte diesen Euro denn eigentlich?

Beim Übergang von den alten zu den neuen Francs musste man nur das Komma verschieben und nicht lange herumrechnen. Mit dem Euro war alles anders, da musste man mit sechs multiplizieren, um auf den alten Preis in Francs zu kommen. Die Engländer haben diese Affenwährung ja abgelehnt. Wir hätten das auch machen sollen. Die sind nicht so dumm wie wir. Aber nach etwa einem Jahr sind unsere Kunden wiedergekommen, aber da waren wir dann schon in der Rente. Sie sind fünfundzwanzig Kilo Butter zu spät gekommen, wenn man das übliche Pfund pro Woche zugrunde legt.

Natürlich haben sie sich beschwert. Sie waren überrascht, als wir ihnen sagten, dass wir keine Kühe mehr hatten und sie daher keine Butter bekommen könnten. Wir haben uns dann gegenseitig ein paar Mal zum Kaffee eingeladen.

Mittlerweile hatte die Butter im Unico nämlich »zugelegt«. Wir haben in der letzten Zeit, als wir noch Butter machten, insgesamt höchstens um 30 Cents erhöht, das waren damals etwa zwei Francs. Aber wer rechnet heute schon noch in Francs? Zwei Francs, das war viel für die Leute. Aber die Francs sind mittlerweile durch Cents ersetzt worden.

Der Euro hungert den Geldbeutel aus und lässt die Händler fett werden, aber nicht die Bauern. Die Kunden haben damals gedroht, sie würden nicht wiederkommen, wenn wir unseren Butterpreis nicht an den im Supermarkt angleichen.

Jahrzehntelang konnten wir unseren Butterpreis selbst bestimmen. Wir wollten uns nichts vorschreiben lassen. Wir würden Unico einfach Konkurrenz machen!

Aber wir haben einige Kunden verloren.

Die Schwestern hat diese Geschichte wirklich bekümmert. Heute können sie darüber lachen. Sie wissen, dass wir unsere Butter mittlerweile zu unserem Preis verkaufen könnten, weil es Leute gibt, die den Wert natürlich produzierter Lebensmittel zu schätzen wissen.

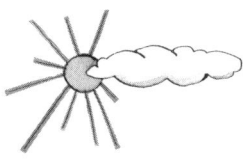

Wie man zu guten Kartoffeln kommt

Du bearbeitest die Erde so, wie sie es braucht. Du richtest dich nach ihr. Das ist mit den Tieren genauso. Und mit deiner Frau beziehungsweise deinem Mann oder deinen Kindern. Wichtig ist vielleicht, dass du dich nicht zu sehr auf deine Vorstellung versteifst, sonst schwimmst du gegen den Strom und kommst nicht weiter.

Gutes Gemüse muss man sich verdienen. Und man muss sich vorher überlegen, wie das geht. Da gibt es kein Rezept. Jeder macht, wie er es für richtig hält, wie sein Boden es verlangt. Das ist wie mit den Menschen. Du kannst dich auch erst dann richtig ernähren, wenn du weißt, aus »welchem Stoff« du gemacht bist.

Im Januar pflüge ich die Felder um, die ich für den Kartoffelanbau dieses Jahr ausgesucht habe. Im Februar ziehe ich dann die Furchen. Ich pflanze Kartoffeln auf meine Art, die Knolle immer sieben Zentimeter tief in der Erde. So keimt sie gut.

Wenn man den Pflug von den Pferden ziehen ließ, ging es schneller. Wenn man eine neue Furche zog, wurde die alte zugeschüttet.

Mitte März dann »macht der Boden zu«. Er wird hart und legt sich über das Saatgut. Dann gehe ich zum Glätten einmal mit der Harke drüber und lockere dann mit der Hacke. Meine Schwestern helfen mir, sie arbeiten genauso wie ein Mann. Da gibt es keinen Unterschied, und sie klagen nie über Müdigkeit oder sonst was.

Die Frauen arbeiten auf dem Bauernhof genauso schwer wie die Männer. Sie machen alles im Haus und können auch alles. Meiner Ansicht nach sind es die Frauen, die das Land am Leben erhalten. Man muss nur sehen, was aus uns geworden ist, als sie keine Lust mehr hatten. Da sind die Männer zum Arbeiten in die Fabrik gegangen. Aber heute gibt es viele, viele Mädchen in den Landwirtschaftsschulen. Das ist ein gutes Zeichen.

Man hackt also zwischen den einzelnen Reihen und formt einen kleinen Wall, ungefähr so hoch wie ein Maulwurfshügel. Man »mauert« die Knollen regelrecht ein. Die Harke mit Muskelantrieb ist bei den Bedels gleichzeitig Unkrautvernichtungsmittel.

Nach der Gemüseernte ruht das Feld sich aus und ich säe Getreide an. Mein Getreide wird eineinhalb Meter hoch. Mittlerweile staucht man die Getreidepflanzen mit Hilfe von Hormonen auf sechzig Zentimeter. Das Getreide ist so schwach geworden, dass es sich auf dem Halm nicht mehr halten kann, daher muss man es künstlich am Wachstum hindern. Dabei ist es nur deshalb so schwächlich, weil man es behandelt hat. Es kann sich nicht mehr selbst gegen Krankheiten wehren. Dann knickt es ab, sogar wenn es nur sechzig Zentimeter hoch wird.

Bei uns wachsen massenhaft Disteln und Mohnblumen. Die Erde stirbt biologisch ab, wenn man sie behandelt. Das sieht man schon daran, dass es in den Monokulturen keine Wildblumen mehr gibt.

Der Boden ist ein lebendes Geschöpf. Wenn man ein Saatkorn in die Erde legt, stirbt es und die Erde nährt es. Es ist eine Art Wiederauferstehung, könnte man sagen. Heute leben die Leute lange, aber man wird ja sehen, wie alt sie werden, wenn sie weiterhin so viel Zeugs essen. Die Leute, die heute alt sind, haben noch echte

Kuhmilch getrunken, die nach Stall und nach Gras roch. Die»nächsten Alten« essen auch, aber nicht immer Gutes! Die Pflanzen arbeiten mit der Erde, sie belüften sie. Die Pflanzendecke erstickt das Unkraut wie mein dreijähriger Mist. Wenn du diese Decke wegnimmst, stirbt der Boden ab und ist nicht mehr lebendig. Wenn man ihn schlecht behandelt, macht er zu. Wenn man ihn zu stark oder falsch bearbeitet, schließt er sich ein. Dann dringt kein Wasser mehr ein. Im Wald oder auf Goury, beim Vendémiaire-Kreuz, geht man auf weichem Boden, weil er von allerlei kleinem Getier durchlüftet wird. Hopp! Man federt richtig, als wäre er elastisch.

Dieser Boden wurde nie mechanisch bearbeitet, der Mensch hat ihm nie irgendwelche»Drogen« verabreicht.

Ich suche dann die Pflanzen für die Saatkartoffeln des nächsten Jahres aus, genauso wie ich es im Jahr davor gemacht habe. Wenn die Sorte länglich ist, nehme ich nur längliche Früchte, ist sie eher rund, sammle ich die runden. Wenn man diese Regel nicht beachtet, wachsen die Kartoffeln nicht an und die Reihe wird nichts. Ich habe schon versucht, in Furchen, in denen vorher runde Kartoffeln standen, längliche zu ziehen, aber das geht unweigerlich schief. Da können die Schweine gleich die Schnauze spitzen, das ist sozusagen»für das Schwein«.

Die kleinen Kartoffeln geben wir roh den Schweinen, denn wenn man sie kocht, macht die Stärke die Schweine zu schnell fett. Die kleinen Kartoffeln werden im Supermarkt zu sechs Euro pro Kilo verkauft, die Sorte heißt *Bonnotte de Noirmoutier*.

Wenn das mein Vater gesehen hätte: Kartoffeln für vierzig Francs pro Kilo!

Wir bauen noch andere Sorten an, eine recht widerstandsfähige, die wir schon seit 1925 haben, allerdings ist sie anfällig für Mehltau. Dann haben wir noch große runde Kartoffeln, und die blauen fürs Püree. Wir nennen sie »blaue Wurst«. Marie-Jeanne mag am liebsten die *Reine des Cuisines*, die »Königin der Küchen«. Sie macht daraus Suppe, weil sie so schönes gelbes Fleisch hat. Wirklich knallgelb. Dann die *Jumelaine*, eine Frühkartoffel für Leckermäuler, so einen feinen Geschmack hat sie. Sie riecht nach unserem Boden und allem, was darin ist: Meer, Himmel und alles, was er herabregnen lässt. Marie-Jeanne mag sie aber nicht besonders. Sie liebt eben die *Reine des Cuisines*.

Die »Königin der Küchen« haben wir 1945 entdeckt. Damals hatten wir einen italienischen Maurer beschäftigt, der die von den Bombern zerstörten Mauern wieder reparieren sollte. Er hat sich mit meinem Vater angefreundet, und eines Tages kam er mit dieser Kartoffel an und ließ sie uns probieren. Er hatte ein Säckchen Saatkartoffeln dabei. Seitdem bauen wir sie regelmäßig an. Immer wenn wir diese Kartoffeln ernten, sehe ich diesen freundlichen Mann vor mir, der seine Mauern ausbesserte, wie er seinen Garten bestellt hätte, voller Achtsamkeit.

Fruchtwechsel

Futterrüben und Kartoffeln mögen doppelte Düngung (mit Tang und Mist), Hafer und Gerste nicht. Wenn ich auf einem Feld Kartoffeln oder Rüben gepflanzt habe, säe ich nach dem Abernten Getreide, ohne noch einmal Mist auszubringen.

Der Weizen profitiert davon Jahr um Jahr. Nimmt man zu viel Mist, schießt der Halm hoch auf, und wenn es regnet, knickt er ab und die Ähre verfault am Boden. Wird der Halm zu hoch, geht das auf Kosten des Korns. Der Weizen trägt dann weniger Ähren und hat kleinere Körner.

Daher wechsle ich die Fruchtfolge ab.

Die Gerste schließt den vierjährigen Zyklus ab. Damit sich der Boden regenieren kann, säe ich zwischen der Gerste Rotklee aus, weil der das Salz der Gischt bindet. Ich habe also eine Doppelkultur. Der Klee bremst die jungen Getreidetriebe. Er schützt sie und sie entwickeln sich kräftiger.

Im Frühling zerkleinert man mit der Ackerwalze die Schollen (aus toniger Erde), die nach dem Eggen noch zu grob sind. So trocknet die Erde nicht so stark aus und das Getreide lässt sich mit der Sense besser schneiden. Die Sensen werden stumpf, wenn sie ständig in Erdklumpen stecken bleiben. Die Getreidehalme erreichen schnell zehn Zentimeter Länge, weil der Klee sie kräftiger werden lässt. Das Salz macht ihm nichts aus. Man glättet das

Erdreich, das Getreide hat in diesem Moment nichts zu befürchten, weder Stürme noch die Walze. Die Stängel legen sich flach und richten sich drei Tage später wieder auf. Mit modernem Saatgut ginge das nicht. Das Getreide würde einen Schock erleiden und sich nicht mehr aufrichten.

Von Februar bis etwa Mitte März grabe ich um, allerdings nicht zu tief, um die Mikroorganismen nicht zu ersticken. Ich bereite die Erde für die Pflanzung der Futterrüben und der Gerste (etwa zwei Hektar) vor. Im April säe ich dann von Hand aus, dabei hänge ich mir das Saattuch um den Hals. Ich nehme nicht allzu viele Körner, damit es nicht so schwer ist. Schließlich soll man bei der Aussaat mit den Schuhen nicht allzu tief einsinken.

Vorher habe ich mit der Egge die Schollen zerkleinert. Dann gehen wir noch mal mit der Harke drüber, damit das Erdreich so fein wie möglich ist.

Ich habe sogar ein Gerät zusammengebastelt, mit dem man Rüben setzen kann. Eine Art Rad mit zwei Griffen an der Seite und einer Melkfettdose mit Löchern im Boden. Ein Reifenschlauch sorgt dafür, dass aus jedem dritten Loch ein Korn fällt. Wenn ich dünner säen will, verstopfe ich ein Loch. Das Ding wird über den Boden gerollt. Dank seitlicher Rollen wird die Erde angehäufelt und die Reihe schön abgeteilt.

Manchmal machen die Feldscher Halt und schauen mir zu: die Hühner. Sie sind begeistert von meiner Erfindung, die mir viel Zeit spart. Ein Stück Alteisen dran zieht gleich noch eine neue Furche. Sämaschine oder nicht, ich habe nicht immer gerade Furchen gesät, aber gewachsen ist noch alles.

Unsere Felder sind krumm wie die Leute, die sie bearbeiten. Das sind nicht etwa weite Felder, die sich ins

Unendliche erstrecken. Man braucht keine Stunde, um sie zu überqueren. Ein paar Schritte reichen schon. Wenn die Saat zu keimen anfängt, gehe ich oft aufs Feld, um zu schauen. Ich spüre einfach, wie sie unter der Erde wächst, das kann ich nicht anders erklären. Dafür muss man ein Gefühl haben.

Wenn ich manchmal an modern bewirtschafteten Feldern vorbeikomme, spüre ich, wie die Pestizide sie durchsetzen. Ich wühle mit der Hand in der Erde, hole eine Handvoll heraus und rieche daran: Sie stinkt. Der Boden hat eine Ausdünstung, an die ich nicht gewöhnt bin, und die noch früh genug auf uns zukommt, einen Geruch nach Friedhof. Er fault vor sich hin. Die Tiere, die Pflanzen, alles darin verfault. Wenn man die Regenwürmer und andere Kleintiere riecht, das ist wie Riechen am Tang: wie eine frische Brise, die deinen Körper durchdringt.

Wenn alles zu keimen anfängt, halte ich meine Nase in den Wind, aber im Grunde weiß ich es längst. Das ist wie eine Art Vision, die mich überkommt, eine Vision von der Natur und von dem, was meine Arbeit bringen wird – wenn sie getan ist. Und natürlich braucht es dazu noch so einiges, Regen zum Beispiel und auch Sonnenschein.

Dann sieht man mich auf den Feldern, ich streiche über die Blättchen, probiere alles. Man könnte meinen, ich hätte den Verstand verloren.

Glücklicherweise sieht mich niemand, weil meine Mäuerchen mich decken.

Felder voller Steine

Natürlich werfen wir auch die Steine nicht weg. Gar nichts werfen wir hier weg. Die Steine kommen immer ans Licht. Je mehr man aufsammelt, desto mehr werden es.

Die Steine, mit denen wir die Mäuerchen um unsere Felder errichten, sind »von hier«, nur ein paar werden bei Niedrigwasser draußen eingesammelt. Wenn ich bei Ebbe einen schönen finde, setze ich ihn in der Mauer ein, auch wenn es ein grober Klotz ist. Irgendwann kann ich ihn sicher gebrauchen.

Ich mörtele sie nicht ein, kein bisschen. Ich habe ungefähr vierhundert Meter Mauer errichtet, beim Semaphore, dem alten Wettersignal. Das ist ganz schön viel und ich habe fast zwanzig Jahre dazu gebraucht. An den Mauern haben viele Hände gearbeitet. Die Deutschen haben sie 1941 im Krieg dem Erdboden gleichgemacht, und ich habe immer versucht, die Kriegsschäden wieder auszubügeln. Wenn ich jetzt wieder an diese Orte komme, die sie einst zerstört hatten, kann ich wenigstens vergessen, dass sie da waren.

Je gröber und krummer eine Mauer wirkt, desto besser gefällt sie dir, ungelogen. Und so macht man das: Die Steine müssen gut halten, also lernst du, welche du brauchen kannst und das siehst du dann schon von Weitem. Dann ruft es in dir: Ja, das ist er!

Damit ein Mensch so wird wie ich, braucht es Zeit.

Bei den Mauern ist das genauso. Man braucht keinen Mörtel, um sie aufzurichten: nur die Hände, ein gutes Auge und das Erdreich, das ist alles. Keinen Meterstab und keine Wasserwaage. Die Steine finden von selbst ihren Platz. Die Typen von der Küste bauen jetzt unsere Mauern nach, aber die nehmen Mörtel. Und das darf man nicht, wenn es schön sein soll. Sie verstehen uns einfach nicht. Eine schöne Mauer in La Hague muss schief sein. Unsere Mauern sind wie die Leute hier mit ihren großen Nasen. Weniger schön als La Hague mit seinen Landschaften, aber solide und freundlich. Und das Auge für den Stein, das hast du oder du hast es nicht. Das kann man nicht in der Schule lernen. Das hast du im Blut. Du weißt genau, wenn du den Stein in der Hand hältst: Die Mauer wird was!

Getreide

Mein Weizen: der »Stoppelbart«, seit Jahrzehnten hand-
verlesen von meinen Vorfahren. Wir haben ihn nie behandelt. Er war immer so robust. Jahr für Jahr habe ich
zwei Säcke für die Aussaat beiseitegestellt. Irgendwann
mal habe ich damit aufgehört und zwei Säcke Saatgut
gekauft. Ich habe mich bequatschen lassen. Das war auch
das einzige Jahr, in dem ich es (allerdings nur auf einem
Feld) mit Kunstdünger versucht habe. Und so habe ich
meinen »Stoppelbart« verloren, für immer.

Man sagte mir ja immer, dass ich ein altes Fossil
und gegen den Fortschritt bin. Paul mit seinen kleinen
Körnern. In eine Handvoll passten mindestens fünfzig
Stück, während von dem heutigen Getreide höchstens
zwanzig Körner eine Handvoll ergeben. Aber so rechnet
man ja heute nicht mehr. Ich habe nicht gemerkt, dass
man mir Wintergetreide verkauft hatte. Das hätte man
im November aussäen müssen. Davon stand aber nichts
auf dem Sack. Ich habe es im Frühjahr ausgesät, und die
Katastrophe war perfekt. Na ja, selber schuld. Ich habe
halt den Gürtel enger geschnallt, ich musste ja auch ohne
Ernte die Pacht für das Feld zahlen.

Das waren zwar keine genmanipulierten Sorten, aber
trotzdem irgendein Mist, keinen Cent wert. Die Wissenschaftler vom Staatlichen Landwirtschaftsinstitut
(INRA) und so, die scheren sich doch nicht um uns in
unserem »Loch«. Das Getreide meines Vaters und mei-

ner Vorfahren hätte mir eine gute Ernte beschert, wenn ich es nicht »verraten« hätte, um das zu tun, was alle tun. Dann müsste ich mir heute keine Sorgen machen.

Sie nehmen auch keine richtige Selektion mehr vor, sondern konservieren das Getreide nur noch. Gut gemeint, aber … Das ist wie der Unterschied zwischen frischer Gänsestopfleber und der aus der Dose, zwischen hausgemachter Rillette und solcher aus dem Glas. Auch die INRA überzieht das Getreide mit einer hauchdünnen Schicht. Ich weiß das, ich probiere schließlich alles. Ein unbehandeltes Korn schmilzt im Mund wie ein Bonbon, an dem von der INRA kannst du dir die Zähne ausbeißen.

Glücklicherweise bin ich nur beim Weizen auf die reingefallen. Das andere Saatgut ist noch das, was ich ererbt habe. Das ist robust, nie gab es Probleme mit irgendwelchen Pflanzenkrankheiten. Nach dem 15. August, wenn man das vorher beinharte Getreide beißen kann, ohne dass es weich wird, ist der richtige Zeitpunkt, um es mit der Sense zu schneiden. Man legt es so hin, dass die Ähre in Windrichtung zeigt. Zwei Armvoll geben eine Garbe. Auch die richtet man nach dem Wind aus, sonst bläst er einem alles um, und man kann wieder von vorn anfangen.

So trocknet das Getreide besser. Liegt es nicht richtig, fängt es an zu schimmeln. Wenn alles geschnitten ist, bindet man die Halme mit Stroh zusammen. Ein Band für jede Garbe.

Eine Stunde später werden die Garben gewendet, damit sie die Sonne auch von der anderen Seite zu sehen bekommen. Dann stellt man sie zu *trésiaux* zusammen. Das heißt »Weiblein«. Eine Garbe kommt in die Mitte und vier andere lehnen drumherum. Das macht man mit dreißig bis vierzig Garben. Auf diesen Haufen baut man die sogenannte »Kaplanin«, indem man die letzten umgekehrt draufstellt. Sie bilden eine Art »Kapuze«, sodass das Wasser nicht in den Haufen hineinrinnt. Der ganz große Haufen zählt am Ende etwa sechshundert Garben. Die letzten schichtet man mit der Leiter auf, so hoch wird der Stapel. Und wenn das Fundament nicht stimmt, war alles umsonst. Natürlich muss der Haufen möglichst gerade stehen, sonst fällt er um. Papa schimpfte uns immer, dass unser Haufen schief steht, dabei stand seiner auch schief, aber wir haben natürlich nichts gesagt, sondern uns nur unseren Teil gedacht.

Wir hatten schließlich Angst vor unserem Vater.

Dann kam die Dreschmaschine, die wir mit dem Bernard-Motor unseres Onkels betrieben. 1961 haben wir dann den Traktor genommen. Die Dreschmaschine funktioniert heute noch. Man legt ein Tuch darunter und hält Nachlese. Mit dem Tuch fängt man die herumspringenden Körner auf. Die Maschine stammt aus einem Schiffbruch, der schon Jahrzehnte zurückliegt, von einem Handelsschiff. Mein Urgroßvater hatte sie geborgen.

Nach der Heuernte wird das Bauernleben ein wenig ruhiger. Der Körper hat unter den sengenden Sonne viel Kraft verbraucht. Hier bei uns gibt es ein geflügeltes Wort, das heißt: »Nach der Heuernte kann man sich zur Ruhe begeben.«

Wenn die Speicher voll sind, sind die Leute glücklich und beruhigt. Die Heuernte ist unser Lohn. Die Pferde, die uns zu jener Zeit halfen, die Ernte einzubringen, hatten keinen Hafer erwischt. Der macht sie nämlich irre. Sie dürfen nur Gras und Heu fressen. Aber Tier und Mensch waren zufrieden miteinander. Jeder hatte seinen

Platz. Nicht einmal schlechtes Wetter hätte uns die Laune verderben können.

Das Bauer-Sein kann man erst nach der Heuernte so richtig genießen.

Ah, meine Kühe!

Früher hielten wir normannische Kühe, sie hatten ein weißes Fell mit roten Flecken. Sie fraßen nur Blumen, deshalb waren sie so schön. Man konnte sie als Fleisch- oder Milchvieh halten. Siebenhundert bis achthundert Kilo Intelligenz. Ihre Augen waren dunkelbraun umrandet, das sah aus, als hätten sie Sonnenbrillen auf. Die gebogenen Hörner konnten einem schon gefährlich werden, daher habe ich sie etwas abgesägt und zugefeilt. Man kannte sie seit Generationen, und jede hatte ihren eigenen Charakter. Dabei fühlten Fell und Euter sich bei Mutter und Tochter immer gleich an.

Wenn man den Kälberstall reinigte und den Mist hinausschaffte, der da schon etwa siebzig Zentimeter hoch lag, kamen die Kälber zum ersten Mal nach draußen. Die Aprilkälber blieben bis zum April des folgenden Jahres im Stall, die Septemberkälber nur sechs oder sieben Monate. Man legte ihnen ein Halfter an und lärmte mit dem Milcheimer, damit sie einem nachliefen. Sie sollten uns ja auch wiedererkennen.

Natürlich hatten sie zunächst einmal Angst. Ja, sogar vor uns. Sie mussten sich an uns in der freien Natur erst gewöhnen. Schließlich kamen sie an und beschnupperten uns wie Hunde. Wir hatten sie jeden Morgen und Abend im Stall gefüttert, hatten allmählich ein oder zwei Handvoll Heu zugefüttert, bis sie selbst zu fressen begannen. Jetzt machten sie sich zögerlich ans Grasen.

Wenn wir die Kälber zum ersten Mal aus dem Stall holten, verbanden wir ihnen die Augen, sonst sprangen sie wie verrückt herum. Eines ist mal in den Garten der Nachbarin gelaufen und hat dort die Johannisbeeren kaputt gemacht. Sobald sie verstanden, dass ich da war, folgten sie mir. Vorher hatten sie Angst vor dem freien Feld.

Eines Tages habe ich einer Kuh beim Kalben geholfen. Das Kälbchen brachte ich in den Stall zu den Mastkälbern. Aber nach acht Tagen kam Françoise und meinte, ich müsse mich getäuscht haben, es hebe nämlich den Schwanz beim Pissen. Ich hatte nicht nachgeguckt, ob es »Eier« hatte!

Wenn so ein Tier zur Welt kommt, verlasse ich mich mehr oder weniger drauf, wie es dreinschaut. Und das sah eben aus wie ein Stierkalb ...

Wenn du zu deinen Kühen gehst, musst du nur ein wenig husten und schon erkennen sie dich. Die Kühe kommen abends in den Stall im Gegensatz zu den Kälbern, die viele Monate draußen bleiben. Am Morgen mistest du den Stall aus und schaffst den Mist auf den Misthaufen. Du reinigst ihren Schlafplatz. Wenn ihnen dann in den Sinn kommt, fressen zu wollen, finden sie im Stall ihren Platz, immer denselben, sauber vor. Die »Schlimme« haben wir an die Mauer gestellt, denn wenn es ihr einfiel, ihre Nachbarin auf die Hörner zu nehmen, konnte sie nur eine Kuh verletzen, nicht zwei. Wenn eine am falschen Platz steht und der anderen das Futter wegfrisst, dann kabbeln sie sich. Aber sonst halten sie wirklich zusammen. Die »Chefin« marschiert dem Trupp gewöhnlich voraus. Wird sie von einer Kuh überholt, stößt sie mit den Hörnern wütend gegen die Stalltür und wird richtig zornig. Die Chefin ist meistens die älteste, die Kuh mit der größten Erfahrung.

Die Kühe kalben allein, aber manchmal helfe ich ihnen dabei. Doch ich wollte nicht, dass das im Film über meine Arbeit gezeigt wird. Ich kenne meine Kühe. Wenn ein Fremder beim Kalben in den Stall kommt, hätte die Kuh sich zurückgehalten, bis es nicht mehr geht, und hätte sicher dementsprechend gelitten. Sie hätte das Kalb so lange wie möglich sicher in sich behalten und dadurch beide in Lebensgefahr gebracht. Eine kalbende Kuh braucht vor allem Ruhe. Da hätte eine Kamera wirklich nur gestört. Es gibt einfach Dinge, die filmt man nicht.

Beim Kalben ist es mir schon passiert, dass sich das Fruchtwasser über mich ergossen hat. Ich bin nicht immer picobello sauber aus dem Stall gekommen. Die meiste Zeit aber sitzt man nur da und wartet und lässt die Dinge geschehen. Zumindest, wenn man die Füße mit den Afterklauen unten liegen sieht. Zeigen sie jedoch nach oben, dann aufgepasst, denn dann liegt das Kalb mit dem Hinterteil zur Geburtsöffnung, und das kann eine harte Nacht werden! Dann musst du in die Kuh hineinlangen und versuchen, den Schwanz des Kalbes zwischen seine Beine zu stecken. Dann dreht es sich und die Hinterbacken liegen wieder richtig. Sonst reißt es dir die Kuh auf. Das ist schlimm für das Tier, denn wenn das Kalb mit dem Hintern zur Geburtsöffnung hin liegt, dann kommt es sozusagen gegen den Strich heraus und das Fell bremst die Geburt.

Manchmal verkeilt sich der Kopf. Auch da musst du eingreifen, sonst kommt das Kalb nicht mehr heraus. Damit es nicht im Bauch erstickt, musst du es so schnell wie möglich rausholen. Und achthundert Kilo lassen sich nicht so schnell bewegen wie eine menschliche Mutter, die vielleicht nur fünfzig auf die Waage bringt!

Eines Tages hat eine Färse auf einem der unteren Fel-

der ihr Kalb verloren. Ich habe sie sofort in den Stall gebracht und hatte richtig Angst um sie. Sie hätte ja Maul-
und Klauenseuche oder die Viehseuche haben können.
Also habe ich sofort den Tierarzt angerufen, aber wir
mussten trotzdem acht Tage auf die Untersuchungser-
gebnisse warten. Er befahl mir, sie nicht aus dem Stall
zu lassen. Ich wollte sie nicht melken, weil die jungen
Kühe beim Melken im Stall oft ausschlagen. Und natürlich wollte ich mir bei dieser Gelegenheit keinen Tritt
einfangen. In dieser Zeit wurde das Euter riesig und schwoll immer weiter an. Schließlich bekam ich den Brief des Tier-
arztes: »normaler Abgang, kein Seuchenbefund«. Da bin
ich überglücklich sofort zu meiner Kuh gerannt und habe
sie gemolken. Sie hat mich ordentlich getreten! Aber ich
war trotzdem froh, dass ich meine Herde nicht verloren
habe.
Niemand würde mir meine Kühe wegnehmen, die wiederum von Kühen abstammten, die auch schon in unserer Familie waren.
Eben diese Kuh muhte einmal lange im Stall, und ich
habe sie, aus welchem Grund weiß ich nicht mehr, mit
dem Kassettenrecorder aufgenommen. Dann habe ich
ihr die Kassette vorgespielt. Ich hatte es schon geahnt,
sie drehte richtig durch, als sie ihre eigene Stimme vom
Band hörte. Natürlich habe ich sofort ausgeschaltet, aber
weil ich schon dabei war, habe ich das Muh-Konzert im
Haus den Schwestern vorgespielt. Meine Mutter und
meine Tante hatten sich oben schon schlafen gelegt. Da
riefen sie herunter:
»Paul, deine Kühe laufen auf der Straße herum. Paul,
schnell, geh raus.«
Wir haben herzlich gelacht.

Wenn man Kühe hält, muss man sich auf ihren Charakter einstellen. Natürlich gibt es sanftmütige Engel, aber die Dickschädel mag man genauso gern. Freilich: Wenn sie dir üble Streiche spielen, dann bist du froh, wenn du sie verkaufen kannst. Aber häufig fehlt dir hinterher gerade das Biest am meisten.

Die Kühe kennen den Wind genau. Wenn er Regen bringt, legen sie sich hin. Mehr als einmal habe ich beobachtet, wie sie auf der anderen Seite des Feldes Schutz suchten. Hätte ich versucht, sie hinüberzutreiben, wären sie nicht mitgegangen. Oft habe ich gesehen, wie sie vor einem Wetterwechsel irgendwo Schutz suchten. Sie wechseln den Platz und du sagst dir: »Der Wind wird Regen bringen.« Und dann weißt du, dass du am nächsten Tag besser irgendwo auf dem Hof herumwerkelst.

Unsere Kühe hatten eine Geschichte. Meine Schwestern und ich kannten sie schon als Kälber. Man stellte sich auf ihren Charakter ein, damit sie es gut hatten. Im Grunde so, wie man es mit Kindern macht. Bei Tagesanbruch und bevor es dunkel wurde, molken wir sie mit der Hand.

Alle drei Wochen etwa werden die Kühe »stierig«. Im Dorf hatten wir uns zusammengeschlossen, wir waren etwa zwölf Landwirte, die sich gegenseitig einen Stier ausliehen und ihn jeweils für zwei Jahre auf die eigene Weide ließen. Jeder führte Buch, wann er welche Kuh auf die Weide brachte und wann der Stier aufgestiegen ist.

Wir waren immer sehr vorsichtig, denn Stiere sind Mistviecher! Man hat schon gesehen, dass sie Leute töteten.

Eines Tages brachte ich die Färse *Oville* zum Stier. Sie hat sich schrecklich aufgeführt. Sie jammerte, weil sie nicht vom Feld wollte. Dann ließ sie sich besteigen, aber gleich danach zog sie mich am Strick davon wie einen alten Schuh. Ich versuchte Schritt zu halten, aber nichts zu machen, sie rannte wie verrückt. Auf dem Feld hat sie mich so genervt, dass ich sie in die Tränke bugsierte. Das ist ein Trick, damit man sie wieder in den Griff bekommt. Nachdem sie sich dort wieder abgekühlt hatte, war sie lammfromm.

Eine andere Färse hätte mich bei Einbruch der Nacht fast drangekriegt. Ich habe versucht, sie heimzubringen, aber keine Chance. Sie ließ sich nicht führen. Sie rieb sich wie verrückt an einem kleinen Mäuerchen und zog mich mit sich. Glücklicherweise war das Feld gerade gepflügt worden, denn bald fand ich mich unter ihr in einer Ackerfurche wieder. Ich war platt, aber glücklicherweise nicht tot. Ich habe abgewartet, bis ich mich wieder bewegen konnte und sie dann angeleint. Schließlich trotteten wir beide voller Erde nach Hause wie gute Kameraden.

Mit meinen Kühen gab es keine »Karambolagen«, sondern »Kuhrambolagen«.

Prévert

Zu uns kamen häufig zwei Gestalten im Sonntagsanzug und kauften Butter bei uns, den Einfältigen, wie man hätte meinen können. Sie redeten wenig und schienen immer ganz in ihre Arbeit versunken. Wenn die beiden bei uns vorbeischauten, trafen sich zwei Welten, eine so seltsam wie die andere.

Ich und meine Schwestern waren, was den Fortschritt angeht, Jahre zurück. Wir waren noch so sehr »alter Schlag«, dass wir den Leuten wahrscheinlich wie Dinosaurier vorkamen.

Jacques Prévert, der in Omonville-la-Petite, also ganz in der Nähe, wohnte, hielten viele hier für einen seltsamen Menschen. Er kam mit seinem Freund, einem Szenenbildner beim Film, oder manchmal auch allein und rauchte eine nach der anderen. Außerdem rasierte er sich nicht jeden Tag. Er ging sehr langsam und träumte dabei vor sich hin, war mit dem Kopf ganz woanders. Meine Schwestern mochten ihn sehr, weil er wenig redete und sich nie über den Preis beschwerte.

Dann erzählte man sich beim Abendessen:
»Heute war Prévert da.«

Bei uns armen Hanseln kamen »die aus Paris, die Studierten« nur hin und wieder vorbei.

Auguste und ich taten dann noch hinterwäldlerischer, als wir ihnen ohnehin schon erscheinen mussten. Wir schlenderten mit einfältiger Miene über den Hof, sodass die Schwestern uns, nachdem die beiden Herren gegangen waren, ausschimpften:

»Was habt ihr bloß wieder getrieben. Bestimmt wart ihr nicht höflich zu den beiden!«

Wir waren weder besonders aufmerksam noch besonders unfreundlich. Wir haben einfach weiter unsere Arbeit gemacht. Wir wussten ja auch so, ohne sie richtig zu kennen, was sie für eine Sorte waren. Mit den »Studierten« konnten wir einfach nichts anfangen. Wenn man auf unseren Hof kam, merkte man natürlich sofort, dass unser Traktor nicht gerade das neueste Modell war. Unsere geflickten, altmodischen Jacken rochen nicht nach Stadt oder Fabrik, sondern nach Kuhstall. Glücklicherweise waren die Schwestern für den Verkauf der Butter zuständig. Damals war ich viel griesgrämiger als heute. Und Geschäftssinn hatte ich auch keinen.

Aber heute möchte ich gern von meinem Abenteuer mit Prévert erzählen. Ich frage mich, ob er uns, die Schwestern und mich, nicht vielleicht in einem Gedicht dargestellt hat. Das müsste dann heißen: »Ein Bauer nach Ortszeit«. Die zwei Stunden nachging, was fast zwei Jahrhunderten gleichkam. Ich gehöre zu einer aussterbenden Art. Heute mache ich darüber Witze, aber ich glaube schon, dass ich damals recht hatte: Die waren total baff, als sie uns sahen, so »unterentwickelt«, dem Anschein nach ebenso wie in Wirklichkeit.

Ich kann mich täuschen, nur Didier Decoin, der andere Schriftsteller hier, redet darüber mit mir. Und der ist einer aus Paris, ein »Studierter«. Wie Prévert weiß er unsere Ecke mehr zu schätzen als so mancher, der hier geboren wurde. Im Grunde sind wir uns alle ziemlich ähnlich. Man nährt sich von Erinnerungen.

Wir, die Bedels, waren tatsächlich »in unserem Leben« und nicht in ihrem. Kurz gesagt, wir mochten unseren Prévert. Er versuchte vielleicht, sich mit uns hier anzufreunden, und als er gestorben ist, hat mir das sehr leid getan.

Man hat immer so viel Angst vor den Leuten, die nicht sind wie wir, aber wovor fürchten wir uns eigentlich? Ein Dichter hat die Milch der Bedels getrunken, hat die Arbeit der Bedels verspeist. Das hat uns Freude gemacht, aber so alles in allem war uns nicht klar, wozu ein Dichter gut sein soll.

Ich habe nie gelesen, was er geschrieben hat. Daher habe ich mir die Frage, ob ich doof bin oder nicht, erst gar nicht gestellt!

Uns war das nicht bewusst, dabei waren wir schon ein wenig merkwürdig, wie wir uns hier in unserer Ecke gegen alle Hilfen und allen Fortschritt wehrten. Aber für mich und meine Geschwister waren es diese Leute aus der Stadt, die einen Sprung in der Schüssel hatten!

1977 begrub man Prévert in Omonville-la-Petite. Sein Freund Trauner kaufte auch weiterhin bei uns ein. Jetzt, wo ich so viele Abenteuer hinter mir habe, würde ich Prévert auf einen Kaffee einladen, wenn er wiederkäme. Ich würde mich nicht mehr anders oder unterlegen fühlen. Ich würde auf den Dichter zugehen, so wie ich es heute mit den Menschen mache, die mich besuchen.

Das mag einem merkwürdig vorkommen, aber jetzt, wo ich mich dank meiner Besucher, dank der Briefe, Leser und Zuschauer nicht mehr so unterlegen fühle, denke ich viel über Prévert nach. Wir waren vielleicht gar nicht so verschieden. »Poesie« ist zwar kein Wort, das ein Bedel benutzt, aber die Natur lieben wir wie er. Er träumte immer viel vor sich hin, und da kenne ich noch jemanden.

Der Blick seines Freundes Trauner auf uns ist in seinen letzten Lebensjahren jedenfalls viel milder geworden. Vielleicht aber hat sich auch mein Blick geändert und ist offener geworden.

Der Gemeinderat

Ich habe jedes Mal alle Stimmen bekommen. Man hat mich zum Gemeinderat gewählt, und da ich ja schon eine gewisse Verantwortung in der Pfarrei hatte, war die Umstellung aufs Gemeindeamt nicht so schwer. Wenn man mich um einen Gefallen bat, habe ich einfach Ja gesagt. Ich wollte anderen immer helfen und ihnen zu Diensten sein.

Ich weiß, dass man mir nicht oft das Wort erteilt hat. Und ich habe meinen Mund auch nicht aufgemacht. Aber jetzt, wo ich alt bin, habe ich weniger Probleme, meine Meinung zu sagen. Ich möchte unseren Landstrich vor allzu scheußlichen Bauten bewahren, vor Häusern, die die Landschaft und den Horizont verschandeln.

Andererseits fände ich es gut, wenn mehr Touristen kämen, denn ich möchte La Hague teilen. Goury gehört ja nicht nur Goury, sondern allen Menschen, die die Natur lieben. Ich würde keine Riesenhotels bauen, aber dafür sorgen, dass die Leute leichter hierherfinden. Ich habe für den Bau der Schule gestimmt und für andere Projekte in meiner kleinen Gemeinde.

Für mich ist es eine Sache der Höflichkeit, dass man seine Meinung nicht in die Welt hinaustrompetet, wenn man nicht gefragt wird. Da ich keinen Schulabschluss habe, meinte ich lange Zeit, ich hätte kein Recht zu sagen, was ich denke. Dieses Gefühl, an meinem Platz bleiben zu müssen, nichts sagen zu dürfen, habe ich von meinen Vorfahren. Manchmal war etwas nicht in Ordnung, und ich ahnte es. Wenn es dann eintrat, dachte ich: »Ich hätte es sagen soll, aber mir hätte ja eh niemand zugehört ...«

Dann habe ich aufgehört. Ich glaube, mir war die Sache einfach langweilig. Irgendwie ging nichts vorwärts. Obwohl ich die Sitzungen wirklich gemocht habe. Meistens war es recht voll, aber danach wusste ich genau, was sich in meiner Gemeinde abspielte. Ich war immer sehr neugierig, aber auf möglichst diskrete Weise. Ich mache zwar den Eindruck, als würde ich über nichts groß nachdenken, aber in Wirklichkeit habe ich zu allem meine Meinung. Das ist bei den alten Leuten hier so, denen vom Land.

Wenn man so hinter den Kühen hergeht, bringt einen das schon zum Nachdenken, auch wenn viele meinen, dass man davon verblödet. Weil der Bauer seine Zeit damit zubringt, »sich die Hände schmutzig zu machen«. Diese Hände sind voller Schwielen, die Haut ist trocken und vom Frost aufgerissen. Dass man uns Hinterwäldler so wenig Achtung entgegenbringt, hat sicher damit zu tun, dass unser Kopf den ganzen Tag im Arsch der Kühe steckt.

Wettervorhersagen

Wenn man das Grün der Insel Aurigny sieht, die am Horizont direkt vor unserem Haus liegt, wenn man die Farben der Insel erkennt, als würde man dort herumgehen, dann kommt der Regen.

Wenn du Aurigny nicht siehst, hast du dich schon irgendwo untergestellt.

Wenn der Wind stromaufwärts dreht, wird der Himmel purpurrot.

Wenn die Blätter der Rüben zu verdorren scheinen, kommt der Regen.

Wenn die Gürtelrose, unter der ich leide, wiederkommt, regnet es.

Die Frösche sind dunkler, wenn man mäht. Wenn sie einem plötzlich brauner vorkommen, die Kröten sich aber farblich nicht ändern, dann kann man den Regenmantel holen.

Die Schwalben flitzen dicht über dem Boden dahin: Regen.

Man hört den Grünspecht: Such deinen Regenmantel heraus.

Rot am Morgen macht Regen und Sorgen. Morgenrot gilt als schlechtes Zeichen. Abendrot aber kündigt einen schönen Tag an.

Wenn man die Glocken der Kirche von Jobourg bei uns zu Hause hört, ist die Luft feucht.

Wenn man nur die Glocken der Kirche hört, kommt

ein Sturm auf und es besteht die Gefahr eines Schiffbruchs.

Wenn man wissen will, wie der Wind weht, muss man nur den Himmel betrachten. Wenn am Vortag die Sonne gelblich scheint, gibt es Westwind. Ist sie rötlich, kommt der Wind stromaufwärts, also Nord- oder Nordostwind.

Der Wind weht stromabwärts, wenn Sonne und Mond zugleich am Himmel stehen.

Hat der Mond einen Hof, dann gibt es entweder Nebel oder Nordwind.

Wenn der Leuchtturm von Goury sich im Wasser spiegelt, weht der Wind stromaufwärts oder es kündigt sich Regen an.

Alles hat mit den Geräuschen des Meeres und des Raz zu tun. Wenn du auf meinem Hof das Meer in der Bucht von Écalgrain hörst, drängt der Wind es nach Süden. Dann hört man, wie es die Kieselsteine so richtig in die Mangel nimmt, und man kann sich auf schönes Wetter freuen.

Wenn es bei Tagesanbruch Frost gibt und alles weiß ist, liegen im Norden Nebelbänke.

Stürme: Drei Tage vor dem Sturm sieht man das Licht der englischen Festlandsleuchttürme. Im Nordwesten sieht man den Strahl, den zweitaktigen oder dreitaktigen, der dritte blinkt zwei Mal und Schluss.

Auch dein Brunnen sagt dir, wie das Wetter wird. Er grummelt. Die Quellen rumoren, das Wasser steigt an. Und du spürst im Körper so ein Kribbeln. So ein Gefühl, wie wenn du nicht weißt, was die Zukunft dir bringt. Einem Sturm gegenüber bist du immer so klein mit Hut. So ist es nun mal. Und der Brunnen weiß vor dir, dass es jetzt wieder so weit ist. Denn wenn der Himmel noch blau ist, kündigt sich der Sturm bereits im Brunnen an. Da steigen dann winzige, durchscheinend weiße Krabben an die Wasseroberfläche. Kein Mensch weiß, woher sie kommen. Das Wasser fängt regelrecht zu brodeln an. In der Tiefe sind also Himmel und Wasser verbunden. Du musst nur warten. Wenn dann der Sturm kommt mit seinen Brandungswellen, wirft er dich auf die Erde nieder. Hier zeigt dir das Wasser schnell, wer der Herr ist. Die Wellen, der Krach, den sie machen, das kann einem schon Angst einjagen. An solchen Tagen ziehe ich mich ans Kaminfeuer zurück und flechte neue Weidenkörbe.

Früher kamen im Frühling die Schwalben beim Semaphor an, wenn die Algen langsam anfingen, auf den Felsen zu wachsen. Sie kamen immer an derselben Stelle an und flogen über die Felder weg, auf denen wir beim Melken waren.

Das gab einem das Gefühl, man würde nicht altern.

Die Dinge wiederholten sich, am selben Ort, zur selben Zeit, und man hatte den Eindruck, alles würde immer so bleiben. Als könne man gar nicht sterben. Das Gefühl hatte ich lange Zeit, ungefähr bis zum Tod meiner Mutter. Ich sagte mir immer, man müsse nur aufhören zu altern, auch wenn man an Jahren zulegte. Die Schwalben erinnerten mich jedes Frühjahr daran. Wahrscheinlich klingt es verrückt, wenn ich sage, dass ich die Schwalben, die Jahr für Jahr ihr Nest in meinem Stall bauten, wiedererkannte.

Auf dem Hof wurden die neuen Bewohner langsam größer. Aus den Küken wurden Hühner, und die Enten lehrten ihre Jungen, was sie mit dem Salat und dem anderen Futter anfangen sollten. Und im Jahr darauf begann der Zyklus wieder von vorne.

Ich werde wohl nie müde zuzusehen, wie die Natur praktisch ohne jede Hilfe überlebt. Alles, was die Tiere tun, ist, sich den einen oder anderen Trick zum Überleben weiterzugeben.

Verdienste eines Bauern

Unsere Ställe tragen Namen. Da gibt es einmal den *tchu d'étoupe*, die »geflickte Hose«. So hieß ein Mann aus Auderville, ein großer Schmuggler und Gauner. In diesem Stall standen die Kälber, die gemästet wurden, um sie später zu verkaufen.
Der Stall der *p'tits viâos* hingegen beherbergte die jungen Milchkühe.
In der Ecke steht der Hasenstall.
Da gibt es noch den Misthaufen und den »Stall ganz hinten«.
Mein Vater hatte dort während des Krieges hohe Gatter errichtet und den Verschlag abgedeckt, damit niemand das arme Schwein sah, das er knebeln musste, um es schlachten zu können!
Meine Mutter und die anderen Frauen wuschen die Gedärme im Waschhaus und im Meer. Sie haben sie immer wieder gewendet, um sie auch wirklich sauber zu bekommen. Dann haben wir sie mit ein wenig Salz gebraten.
Wir hatten zwar keine Genehmigung, ein Schwein zu schlachten, aber getan haben wir es natürlich trotzdem.
Eines Tages, als ich meinem Vetter geholfen habe, eines zu schlachten … Das sollte ich vielleicht nicht erzählen, sonst rückt uns Brigitte Bardot mit ihrem Tierschutz auf die Pelle. Lebt die überhaupt noch? Keine Ah-

nung. Nun, jedenfalls steht das Schwein plötzlich wieder auf! Tot, ohne tot zu sein. Ich habe mich nicht mal getraut, das Stroh anzuzünden, mit dem man die Borsten von der Haut brennt. Es blieb ein paar Sekunden lang auf allen Vieren stehen, dann hat es endgültig sein Leben ausgehaucht.

Armes Schwein! Das war schon etwas, wie es sich ans Leben klammerte.

Von da an mochte ich keine Schweine mehr töten. Ich hatte zu viele Schuldgefühle.

Ein Mann schlitzte dem Tier dann mit einem Bajonett, das von einem deutschen Gewehr stammte, den Bauch auf. Das war unglaublich scharf, und so ging alles recht schnell. Da gibt es nichts, die Deutschen waren schon stark, wenn es darum ging, etwas in zwei Teile zu schneiden. Echte Aufschlitzer! Ihr Bajonett ist uns heute noch dienlich.

Natürlich haben wir uns mittlerweile versöhnt, aber so manches vergisst man nicht.

Als ich am 14. Juli 2007 von Nicolas [Sarkozy] eingeladen wurde und während der Parade in Paris auf der offiziellen Tribüne sozusagen als »Staatsgast« saß, behielt ich meine Bauernkappe auf. Ich vertrat dort schließlich die Kleinbauern des Landes.

Nun ja, die Parade war beeindruckend. Man feierte das Vereinigte Europa, das Europa des Friedens, und das finde ich gut.

Das Europa der Landwirtschaft, damit kann ich schon weniger anfangen. Schließlich kamen die deutschen Soldaten, und da verging mir das Lachen, als ich ihre Marschmusik hörte und ihre Stiefel. Mir lief richtig ein Schauer über den Rücken. Das wirkte, als hätten sich ihre Haltung, ihr Schritt nicht verändert.

Da war plötzlich die Vergangenheit wieder da, als sie in unserem Land waren und uns mit ihren Bombardements Angst machten.

Heute allerdings helfe ich ihnen gerne. Die Kinder sind ja nicht verantwortlich für die Taten ihrer Eltern. Aber damals, bei der Parade, als ich das »Tap, tap« ihrer Stiefel hörte, erinnerte ich mich wieder an meine Freunde, die damals sangen: »Halli, hallo, auf euch wartet das Iâo!« (das Wasser).

Und man sieht die Kinder wieder vor sich, wie sie auf dem Schulhof die deutschen Soldaten nachahmten und dabei den Rücken durchdrückten und den Pürzel rausstreckten wie die Enten.

Die alten Leute hier, die das lesen, werden sich sagen: »Aber dieser Bedel hat doch einen Knall.« Das ist doch mittlerweile alles Schnee von gestern. Und tatsächlich bin ich zu denen, die heute zu mir kommen, sehr nett. Das sind Deutsche, keine Boches, wie wir die Besatzer damals nannten.

Aber manchmal schmerzen Erinnerungen auch.

Ich sehe lieber die Schwalben über den Semaphor fliegen als noch mal die schwarze Fahne, die im Wind flatterte wie ein Schreckgespenst.

Ich spaziere so durch meine Natur und trage meine Geschichte mit mir, meine Gedanken, meine Tage, meine Tiere, meine Felder.

Das Mesner-Sein ist durchaus ähnlich, auch da hat man mit Liebe und Hass zu tun.

An den Erinnerungen, die mit den Orten verbunden sind, an denen man lebt, trägt man schwer.

Es war auch nicht leicht, die Felder nicht so zu bestellen, wie alle Welt das tat, dem Fortschritt immer hinterherzulaufen.

Man mustert dich gleichsam aus und stellt dich in eine Ecke.

Und kurz bevor du stirbst, holt man dich wieder hervor.

Wie es mir gerade passiert.

Vorher hatte ich mich fast selbst vergessen.

Und in wenigen Tagen, Stunden oder Monaten wird die Welt mich auch vergessen haben.

Paul auf dem Scheißhaus

Manche Leute glauben, dass es mich nicht gibt, dass ich eine erfundene Person bin. Aber meine Hände lügen nicht: das sind riesige Pfoten mit Dreck unter den Fingernägeln. Mein Leben ist der Hof. Ich habe Bauernpranken, daran erkennt man sich untereinander.

Mit den Briefen ist das ganz ähnlich. Zwei- oder dreitausend habe ich bislang bekommen. Meine Schwestern und ich haben acht Tage gebraucht, um sie zu sortieren.

Und die bös gemeinten darunter konnte man an den Fingern einer Hand abzählen. Ich würde nie einen Brief an jemanden schreiben, den ich nicht mag. Diese Leute haben sich wohl insgeheim selbst etwas vorzuwerfen, daher machen sie anderen Leuten Vorwürfe. So jedenfalls denke ich mir das. Niemand würde doch zum Beispiel an Johnny Hallyday, schreiben, um ihm von seinem Leben und dessen Unglücksfällen zu berichten. So einen Brief würde er doch gar nicht lesen. Und auf die Idee, ihn zu beschimpfen, käme schon gar niemand.

Jeder hat seinen Platz: jeder Brief, jeder Besucher, jeder Leser, jeder Zuschauer, einfach jeder.

Ich mag Leute, die offen und ehrlich sind.

Aber wie nett und bewegend die meisten Briefe auch sind, ich kann sie doch nicht beantworten. Da würde ich viele Briefmarken brauchen! Bei siebenhundertfünfzig Euro Rente muss ich da schon aufpassen.

Außerdem schreibe ich sehr langsam.

Aber ich lese wirklich jeden Brief. Ich nehme mir morgens extra Zeit dafür. Diese Briefe sind für mich ein völlig neuartiges Vergnügen wie eine Tür, die sich zu den anderen hin öffnet, zu ihren Geschichten. Die Leute, die mir schreiben, kommen aus allen möglichen Ecken, aus allen Schichten. Manche sind gläubig, andere nicht. Die einen glauben an die Erde und die Natur, die anderen eher an etwas Geistiges. Ich lese das, dann denke ich darüber nach, was aus der Welt geworden ist und was noch aus ihr werden wird. Ich versuche erst gar nicht, zwischen den Zeilen zu lesen.

Ein Journalist hat mal gelästert:»Paul hier, Paul da. Bald wird es ein Buch geben, das ›Paul auf dem Scheißhaus‹ heißt!« Der war wohl neidisch, weil über mich so viel gesprochen und geschrieben wurde.

Ich hätte vielleicht nicht hinhören sollen, als man mir das erzählt hat. Ich habe sowieso nur mit halbem Ohr zugehört, weil ich auf einem Ohr nicht mehr so gut höre, aber das andere funktioniert noch. Jedenfalls denkt der Mann vermutlich, dass es keinen Wert hat, wenn jemand Zeugnis ablegt. Aber zu Johnny Hallyday ist er mit dieser Weisheit nicht gegangen. Das würde er sich nicht trauen. Da hätte er Angst um sein Geld.

Die Showstars dürfen ruhig Aufmerksamkeit auf sich ziehen, aber so ein armer Teufel wie ich, der soll gefälligst bei seinem Leisten bleiben und nicht groß das Maul aufreißen.

Doch am Ende bin nicht ich es, um den es hier geht. Was zählt, das sind wir alle hier, bodenständige Leute. Ich lege Zeugnis ab, um von unseren Werten zu reden, unserem Glauben, unserer Arbeit. Wir alle, die wir die Erde lieben, sind vielleicht bald nicht mehr da. Es gibt eine

Menge alter Leute heute, und es ist nötig, dass jemand unseren Platz einnimmt.

Freundschaft ist doch kein Verbrechen, denn das, was mir passiert, hat vor allem mit Freundschaft zu tun. Leute wie ich, die kein Geld haben, die sind wohl nur fürs Scheißhaus gut! Ich bin nicht sauer. Soll er doch bei mir vorbeischauen, dann zeige ich ihm mein Scheißhaus. Vielleicht wäre er darüber sehr erstaunt. Vielleicht aber auch nicht! Das, was ich glaube, macht mich glücklich.

Die Leute kommen und besuchen mich, weil ich »möglich« bin, andere wiederum wollen mich sehen, weil ich »unmöglich« bin. Alte Leute wie unsereiner sind ja für viele nur Idioten. Wir sind die »Gestrigen«. Dabei bin ich nicht grundsätzlich gegen den Fortschritt. Ich habe ein Auto, ein Moped und sogar einen Traktor, auch wenn der schon recht alt ist.

Wir haben Warmwasser im Haus, das Wasser aus dem Brunnen ist für die Arbeiten auf dem Hof. Wir haben sogar eine Leitung legen lassen. Aber es stimmt natürlich, dass wir keine großen Bedürfnisse haben. Wir leben vom Notwendigsten, wenn ich das so sagen darf.

Manchmal kommen Leute hierher, die nicht an Gott glauben, richtige Atheisten. Die wollen dann mit mir über Gott reden. Das geht immer so los:

»Wissen Sie, Paul, ich bin ja einverstanden mit allem, was Sie über die Landwirtschaft sagen, aber mit Ihrem Glauben an Gott kann ich gar nichts anfangen.«

»Ah ja«, antworte ich ihnen. »Und warum wollen Sie dann mit mir darüber reden?«

Ich hatte einige schöne Gespräche mit diesen Leuten. Denn im Grunde verstehen sie schon, was gemeint ist, auch wenn sie der Religion kritisch gegenüberstehen. Die Liebe zur Erde, die ist materiell und spirituell zugleich. Man kann sich für beides entscheiden.

Wenn du getauft bist, dann bist du getauft. Du kannst zwar so tun, als wärst du's nicht, aber du bist es trotzdem. Jeder Mensch tut in seinem Leben mal irgendetwas Gutes, ich bin da keine Ausnahme. Als ich von den Lesern der *Presse de la Manche* 2007 zum »Mann des Jahres« gewählt wurde, hat mir das viel Freude gemacht, wobei der Mann, der Zweiter wurde, meiner Ansicht nach für seine Mitmenschen weit mehr tut als ich. Aber ich danke allen, die mich gewählt haben, denn sie haben sich damit bei all jenen bedankt, die die Erde bearbeiten und Tiere halten! Bei allen, die ähnlich leben wie ich und die sich nicht schämen, in Wind und Wetter im Dreck zu kratzen. Daher habe ich diese Ehrung gerne angenommen.

Im nächsten Jahr wird jemand anderer geehrt, und das ist gut.

Eines Tages hat man mich zu einer Konferenz eingeladen. Davor und danach hat man mich in irgendeiner Ecke abgestellt und dort vergessen. Dann ist Essenszeit. Der junge Mann, der sich um uns kümmert, weiß nicht, wie er die Leute am Tisch platzieren soll.

Ich sitze schon.

Dann kommen die Politiker, die Präsidenten von irgendwelchen Vereinigungen, und man bugsiert mich immer weiter weg. Noch ein bisschen und noch ein bisschen. Man hätte meinen können, sie wollten niemanden neben mir sitzen lassen. Zumindest keinen von den offiziellen Gästen! Natürlich ist das nur ein Eindruck meinerseits. Irgendwann jedenfalls sitze ich ganz am Ende der Tafel, mir gegenüber Pfarrer Albert, der als einziger

Tischgenossen einen leeren Teller hatte. Dann waren da noch drei Frauen unter etwa zwanzig Männern. Und die hatte man genauso ans Ende der Tafel abgeschoben wie uns.

Paul, der Hinterwäldler, der sich für einen Showstar hält, der Pfarrer im Ruhestand und drei Frauen! Schöne Gesellschaft, nicht wahr?

Albert bringt uns sogleich zum Lachen.

»Siehst du, Paul, jetzt sind wir richtige Ruheständler. Wir haben keinerlei Dienstgrad, da kann man uns schon ans Ende der Tafel setzen! Aber das ist nicht schlimm. Immerhin steht neben mir noch ein leerer Teller, und wenn Jesus vorbeikommt, laden wir ihn zum Essen ein, in Ordnung?«

»Aber sicher doch!«

Albert fügt hinzu:

»Denn die Letzten werden die Ersten sein.«

Und genau so kam es dann auch! Wir haben als Erste etwas zu essen bekommen, und wir hatten wirklich ganz schön Hunger.

Als ein junges Mädchen den leeren Teller neben Albert wegnehmen wollte, hielt er sie zurück:

»Lassen Sie uns doch den leeren Teller, Fräulein. Wir warten noch auf einen wichtigen Gast, eine echte Berühmtheit!«

Ein andermal sagte eine Frau zu mir:

»Armer Paul, wahrscheinlich sind Sie ganz unglücklich ohne Ihre Kühe! Wo man Sie nur überall hinschleift.«

Ich habe den Kopf gehoben und sie angesehen.

Das war bei einer Lesung in einer Buchhandlung in Coutances, wo man mich zu ein bisschen Geplauder und zum Signieren der Bücher eingeladen hatte. Ich war umgeben von feinen Damen, die unbedingt eine Unterschrift in ihr Buch haben wollten, eine Unterschrift von Paul.

Ich habe geantwortet:

»Aber nein, so etwas dürfen Sie nicht glauben. Ich bin nicht unglücklich ohne meine Kühe. Ich übe hier ein ganz anderes Handwerk aus: Ich bin Zeitzeuge.«

Einen Vorteil hat das Ganze jedenfalls: Ich wurde noch nie von so vielen Frauen beachtet. Dann zeigte ich mit dem Stift auf die Versammlung, die vor mir saß.

»Wissen Sie, ich habe nur die Herde gewechselt.«

Schweigen ... und dann helles Gelächter.

Wenn Leser zu mir zu Besuch kommen, dann dauert das zwischen fünf Minuten und zwei Stunden. Ich persönlich mag die kurzen Besuche lieber, dann kann ich mich hinterher wieder um meine Arbeit kümmern. Andererseits wollen die dann in fünf Minuten möglichst genauso viel erfahren wie in zwei Stunden!

Die Leute kommen auch von weit her: aus ganz Frankreich, sogar aus Holland und Deutschland. Ich schätze diese Besuche sehr. Die Leute erzählen mir von der Gegend, aus der sie kommen und ich lerne ein bisschen Geografie dazu.

Meine Schränke füllen sich mit Geschenken, häufig mit regionalen Produkten. Ich mag nicht alles. Manchmal machen wir auch unsere Witze darüber. Ein Kanadier zum Beispiel hat mir Ahornsirup mitgebracht, den ich morgens aufs Brot streichen soll. Das hatte ich noch nie gehört!

Wenn Besuch da ist, teilen wir uns die Arbeit. Eine Schwester deckt das Geschirr auf, die andere macht Kaffee und ich unterhalte die Leute. Aber dafür muss ich am Ende auch abräumen und das Geschirr waschen.

Bei den Bedels sind alle in Rente, in der Aktiv-Rente.

Mein Tag als Aktiv-Rentner

Wie jeden Tag sehe ich die Sterbeanzeigen durch. Mit einem Tag Verspätung, weil ich immer die Zeitung vom Vortag lese. Mein Bruder hat sie abonniert und bringt sie mir, sobald er sie gelesen hat. Zuerst schaue ich aufs Alter, auf die Gemeinde, schließlich auf den Bezirk. Was nicht heißt, dass nicht jeder das Recht hat zu sterben. Bitte, ich lasse dir gern den Vortritt, wenn du das möchtest!

Ich schaue nach, ob es eine Messe gibt und wie die Beerdigung sein wird, und da es etwas ganz Neues gibt, die Feuerbestattung, habe ich ein wenig mehr zu lesen und nachzudenken als früher …

Ich bin gegen die Feuerbestattung. Da hat man dann später keinen Ort, an den man Blumen bringen kann. Und das ist wichtig für die Erinnerung. Da gibt es gar nichts mehr, wenn es dich mal trifft! Bei uns sind die Gräber schlicht gehalten. Wahrscheinlich klingt das jetzt, als seien wir geizig. Aber warum soll man Geld ausgeben für einen großen Grabstein? Der kostet einen Haufen Geld und am Ende kommst du doch nicht wieder darunter hervor.

Auf dem Grab meiner Eltern steht nur ein einfaches weißes Kreuz, ein kleines Holzkreuz mit den Namen. Dieses Kreuz erneuern meine Brüder und ich so alle zehn Jahre.

Wer betet, ist keineswegs in Träumereien versunken.

Schließlich werde ich nicht so, wie ich bin, ins Paradies eingehen. Mein Körper ist nichts, nur das Haus der Seele. Und die kann man nicht definieren, nicht durch den Geist und nicht durch das Mysterium. Der Glaube lebt in uns, und er muss unser Glaube sein, nicht der der anderen.

Meiner Ansicht nach ist der Tod nicht das Ende. Das Ende ist das Leben in Gott. Manchmal stirbt jemand, der so alt ist wie ich, und ich denke:»Ich bin noch da.« Aber das Verfallsdatum rückt näher. Man hat immer mehr Erinnerungen, die Zukunft verliert an Bedeutung. Ich würde mich am liebsten mit meinem Traktor beerdigen lassen, aber das macht viel zu viel Arbeit, und unser Friedhof ist zu klein, um so ein großes Loch zu graben. Schließlich brauchen die anderen Leute aus Auderville auch Platz.

Ich stehe jeden Morgen um sieben Uhr auf. Damit ich den Raz Blanchard besser höre, der unter dem Haus vorbeiströmt, öffne ich das Fenster und lege mich noch einmal ins Bett. Ich bleibe noch ein Weilchen liegen, dann stehe ich auf zum Frühstücken. Aber ich lasse mir Zeit. Ich wasche mich mit Kernseife, danach gehe ich nach unten. Ich esse ein weichgekochtes Ei und ein Stück Brot ohne Butter, weil ich die aus der Molkerei nicht mag. Wenn die Zeit danach ist, mache ich mir noch ein wenig grünen Spargel zum Eintunken ins Ei.

Der Kaffee steht auf dem Herd. Wir trinken ihn hier aufgewärmt, dann hat er den richtigen Geschmack. Eingeheizt wird erst gegen acht oder halb neun Uhr. Dann zünde ich unseren Holzofen an. Im Herbst ist das ein bisschen kalt, aber wenn wir nicht weniger als vierzehn Grad haben, eilt das Einheizen nicht. Man erfriert schon nicht so leicht! Außerdem werfe ich immer einen Blick auf das

Barometer und das Thermometer, und wenn es draußen zu kühl sein sollte, ziehe ich einen Pullover an.

Heutzutage schlafen die Schwestern länger als ich. Früher musste ich, um einen Augenblick allein zu sein, um vier Uhr morgens aufstehen. Dann habe ich mich im Schuppen um die Fensterläden oder die Gatter gekümmert. Ich habe handbetriebene »Maschinen«, mit denen ich hoble oder säge. Paul ist ja »hoch mechanisiert«. Ich mag es, wenn es nach Holz riecht. Außerdem kann man sich so seinen eigenen Sarg zimmern. Da spart man wieder was und liegt niemandem auf der Tasche.

So gegen halb sieben Uhr morgens schloss ich mich dann den Schwestern zum Kaffee an. Daran hat sich außer der Uhrzeit auch heute nichts geändert. Ich lese die Briefe, die wir am Vortag bekommen haben. Am liebsten fange ich mit denen an, die eine Kinderschrift tragen. Wenn Kinder mir schreiben, bewegt mich das immer zutiefst, ich habe richtig Tränen in den Augen. Kinder wie diese werden die Erde bewahren, und sie ist in guten Händen. Manche dieser Kinder liegen im Krankenhaus, denen schicke ich dann eine Karte von meinem Dorf mit ein paar aufmunternden Worten.

Ich war ja nicht lang in der Schule, was manchmal hinderlich ist. Ich bin langsam beim Schreiben, aber am Denken hindert mich das nicht. Kein bisschen! Ich schreibe langsam und mein Garten wartet auf mich.

Wenn ich dann tue, was zu tun ist, denke ich über das Gelesene nach. Das ist wie ein Buch, aber eines, in dem vom Land die Rede ist, von der Art und Weise, wie ich und meine Schwestern die Erde bearbeiten, so wie unsere Eltern es schon getan haben. Manchmal schreiben die Leute auch von Gott. Mit diesen Menschen fühle ich mich verbunden, da hat man etwas gemeinsam.

So fängt also mein Tag als Aktiv-Rentner an. Im Grunde wie früher, nur ein bisschen später eben! Natürlich klingelt auch mal das Telefon. Françoise mag das nicht, weil unser Telefon so laut ist. Man fährt richtig zusammen, wenn es läutet. Marie-Jeanne hingegen reagiert nicht, weil sie so schlecht hört, dass sie einen Hörapparat braucht. Françoise meckert dann erst mal:
»Lieber Himmel, was wollen die denn schon wieder von uns?!«
Nun, und was will man, wer ist dran? Ein Nachbar, der Pfarrer, manchmal auch vollkommen Unbekannte, die »uns kennen«, die wir aber nicht kennen. Menschen aus allen Regionen Frankreichs, die einfach an dem oder jenem Tag vorbeischauen wollen und fragen, ob wir da sind. Die Frage ist leicht zu beantworten, denn ich bin immer da, wenn ich nicht woanders bin. Seit einigen Monaten habe ich nämlich viel außerhalb zu tun. Ich verlasse La Hague immer wieder. Man lädt mich ein.

Aber ich finde das immer ein wenig merkwürdig. Ich habe das Gefühl, anderswo riecht es stickig. Es gibt dort keinen Wind, man kann nicht atmen! Doch ich lerne außergewöhnliche Menschen kennen, und diese Begegnungen sind immer sehr schön. Aber ich bin halt schon recht alt und werde beim Reisen leicht müde. Wenn ich lange sitzen muss, bin ich hinterher erschöpft und meine Knie werden steif. Daher muss ich immer öfter Nein sagen. Das fällt mir nicht leicht, aber ich muss mein Zuhause und mein Leben schützen, sonst habe ich keine Zeit mehr für meine Kartoffeln und die Schwestern putzen mich herunter, weil wir sie kaufen müssen.

Am Sonntag nehme ich sie mit zum Semaphor. So können wir ein bisschen spazieren gehen.

Seit ich so viele Besucher habe, habe ich das Gefühl,

zweigeteilt zu sein. Meine Nachbarn raten mir, Besuchszeiten einzuführen, aber dann bin ich nicht mehr Herr im eigenen Haus und ich bin gerne unabhängig. Ich werde demnächst ein Schild an das Gatter hängen: »Gestorben! Paul Bedel ist zu Staub geworden, vor einer Minute!« Damit ich diesen Herbst ein wenig mehr Ruhe habe, habe ich ein Schild gemalt, auf dem steht: »Grippe«.

Dabei bekomme ich gerne Besuch, und die Schwestern auch. Nur manchmal halten die Leute sich zu lange bei uns auf. Die Leute gehen und gehen nicht, und der Tag ist hinüber. Die Besucher wissen ja nicht, dass ich ein vollbeschäftigter Rentner bin! Ich habe schließlich immer noch zwei Felder und den Garten.

Andere meinen, ich solle meine Besucher doch zur Arbeit einspannen. Aber das ist unmöglich. Ich wäre viel zu anspruchsvoll als Chef. Ich habe da so meine Eigenheiten.

Zum Beispiel säe ich mit dem Mond. Ich warte bis zum Abend, bis die Besucher weg sind, und gehe erst dann in den Garten. Wenn der Mond schön hell scheint, bin ich schon mal bis Mitternacht draußen. Die Schwestern mögen es zwar nicht, wenn ich nachts draußen bin, vor allem seit unserem »außerirdischen Abenteuer«. Da haben Françoise und ich etwas äußerst Merkwürdiges am Himmel gesehen, das den Verstand übersteigt. Ich denke fast jeden Tag daran. Hoffentlich finde ich mal jemanden, der mir das erklärt, bevor ich abtrete: diese große, orangefarbene Kugel, deren mir völlig unbekanntes Licht mich so beeindruckt hat.

Ich mag diese Zeiten, in denen ich nachts arbeite, auch mal bei Niedrigwasser an den Strand gehe, wenn der Mond scheint. Nachts sind die Dinge irgendwie anders. Dann ist man mit seinen Gedanken, Geschichten und

Fragen allein. Die Erde ist für mich mittlerweile recht schwer geworden. Ich bin alt, und so erinnere ich mich oft an meine Jugend, als ich die Erde gleichsam »aus dem Handgelenk« heraus umgrub. Dann wird man alt, und plötzlich fällt es einem schwer, sie umzustechen. Die Erde ruft dich, wenn du Bauer bist. Sie klebt dir ja auch ständig an den Sohlen. Im Mondlicht aber wird man wieder jung. Niemand sieht dich. Du kannst dir dein Grab schon im Voraus schaufeln, schnell und in aller Stille, damit du niemandem zur Last fällst.

Aber wahrscheinlich kann man auf dem Friedhof nicht so in Ruhe vor sich hin buddeln wie auf dem Feld. Zumindest stelle ich mir das so vor!

Wenn ich nachts auf meinen Feldern eine gute Zeit habe, dann liegt das auch an meinen Besuchern. Sie haben mein Leben verändert. Ich hätte nie gedacht, dass ich einmal so ruhig werden könnte wie in diesen Momenten.

Meine Hefte

Mein Haus ist ein einziger Speicher. Ich hebe alles auf.
Wenn man nichts wegwirft, sammelt sich so einiges an.
Aber natürlich darf niemand meine heilige Unordnung
stören. Dann finde ich nämlich nichts mehr.

Und meine Hefte sind sowieso für fremde Augen
tabu.

Ich schreibe die Hefte nicht etwa voll, um mich an die
verschiedenen Geburtstage zu erinnern. Geburtstag fei-
ern wir ohnehin nicht. Das war früher schon so. Da hat
man auch nur einen Geburtstag gefeiert, und das war
der Jesu zu Weihnachten. Gratuliert wird zum Namens-
tag, dem Tag, an dem unser Namenspatron im Kalender
steht. Und Geschenke brauchen wir auch nicht. Man
weiß ja schließlich, dass man sich schätzt.

Wir leben zusammen, das sagt doch alles.

Die Hefte habe ich aus anderen Gründen. Zum einen
gehe ich gern noch einmal durch, was ich am Vortag gemacht habe, auch die eine oder andere Telefonnummer
beziehungsweise Adresse halte ich darin fest. Außerdem
zähle ich nach der Ernte die Kartoffeln, natürlich nur
die Säcke, nicht jede einzeln. Ich schreibe auf, wie viele
pouques (Jutesäcke) wir gefüllt haben. Porree- und Spar-
gelstangen aber führe ich einzeln auf.

Ich kaufe die leeren Hefte Anfang des Jahres entweder in einem Laden in Beaumont-Hague oder bei einem
Buchbinder. Das älteste Heft habe ich von der *Caisse*

mutuelle de réassurance de la Manche, der Genossen-
schaftsbank des Département Manche. Ich kaufe alle
zehn Jahre eins, ein Heft der Marke Herakles. Da trage
ich dann meine Buchführung ein. Bis heute führe ich in
einem roten Spiralheft Buch. Alle haben eine Größe, die man bequem in der Hand
halten kann. So kann ich sie überall mit hinnehmen. Es
ist ja so: Die Buchführung für einen Bauernhof und eine
Familie passt – wir haben ja nie Subventionen beantragt – auf zwei Seiten pro Jahr! Da muss man wenigstens nicht zwei Stunden pro Woche dafür aufbringen.
Ich kaufe wenig und verkaufe nicht viel mehr.
Auch mein Vater hatte seine Notizblöcke. Er bewahr-
te sie in der Küche auf, in einer Ecke der Anrichte. Niemand hätte je gewagt, einen Blick hineinzuwerfen. Daneben lag – stets griffbereit – ein großer Bleistift mit einer
dicken Mine. Diese schnitt er mehr schlecht als recht mit
seinem Messer zurecht. Er schrieb nicht schön, was bei
seinen Händen kein Wunder war. Als ich nach seinem
Tod den Hof übernahm, habe ich auch die Hefte geerbt.
Er hatte nur Buch geführt, nichts anderes aufgeschrie-
ben. Ich hatte das Gefühl, dass etwas fehlte. Gerne hätte
ich ihn besser gekannt, doch er redete ziemlich wenig.
Und seine Zahlen sagten nicht viel. Wie soll ich das aus-
drücken? Man begriff zwar viel von seinen »Papieren«,
von den Geschäften auf dem Hof, aber von ihm kein
bisschen. Die Zeit, die Landschaft, die Leute – davon
konnte man sich kein Bild machen.
Bei seinem Tod war ich dreißig und hatte schon mehr
im Sinn als nur meine Felder. Ich dachte über mein Leben nach, über die Leute, aber auch über andere Dinge.
Meine Hefte spiegeln mich auf gewisse Weise wider.
Manchmal lese ich sie und erinnere mich. Natürlich

steht da nicht alles, aber auch wenn etwas vierzig Jahre zurückliegt, erinnere ich mich doch an die Geschichte.

Auf diese Weise stückelt man am Leben an und bewahrt die Erinnerung. Alle Menschen, die ich nach dem Tod meines Vaters kennengelernt habe, haben darin ihren Platz. Und wenn ich dann in der Woche vom 14. Juni 1975 im Heft lese: »Gesträuch geschnitten, nachts Regen, Nordosten, Pierre zu Besuch«, dann weiß ich wieder, was damals los war.

Nur wurden die Besuche mit der Zeit mehr. In meinem Heft von 2008 steht nicht so häufig: »Kartoffeln gepflanzt, Schuppen repariert, Holz geschlagen«, sondern öfter »sechs Besucher, zwei aus Caen, zwei aus Fécamp, Rest aus Valogne«. Und daneben dann: »Rüben eingeholt«, aber ziemlich am Rand …

In meinen Heften steht mein ganzes Leben, aber letztlich kann nur ich mir darauf einen Reim machen! Und meine Erben werden einmal meine Abrechnungen finden.

Viele Leute stellen mir Fragen zu den Heften. Sie liegen alle in einer Blechschachtel, die langsam verrostet. Gefunden habe ich sie auf einem unserer Felder, ursprünglich waren Raketenzünder der Deutschen drin, die die Blechschachtel vor Feuchtigkeit schützte. Beste deutsche Qualität eben … Kriegsbeute also. Sie haben uns ja so einiges geklaut, dafür konnte ich mich nun revanchieren. Man riecht, dass die Schachtel alt ist, wenn man sie öffnet!

Ich habe auch noch andere Hefte, in denen ich meine Erinnerungen eintrage. Die waren sehr nützlich, als die Bücher über mein Leben entstanden sind. Abends notiere ich die wichtigsten Ereignisse. Diese mögen für andere uninteressant sein, aber für mich haben sie ihren Wert.

Aber die sind noch besser versteckt als die Blechschachtel.
Früher habe ich keine Bleistifte gekauft, sondern sie immer irgendwo geschenkt bekommen. Aber in letzter Zeit geht mein Vorrat zur Neige. Ich habe ja jetzt viel zu schreiben. Von den Widmungen mal ganz abgesehen.

Oft bekommt man zum neuen Jahr mehrere Terminkalender im Buchformat geschenkt. Die hebe ich auf, sozusagen als Reserve. In der mageren Zeit, wenn ich keine solchen Geschenke bekomme, benutze ich dann einen alten Kalender. Meine Eintragungen zum Jahr 1977 zum Beispiel stehen in einem Kalender aus dem Jahr 1975. Da habe ich dann auf jedem Tagesblatt den richtigen Wochentag eingetragen. Ich habe ja Zeit, und auf diese Weise habe ich etwas zu tun.

Wenn ich dann beispielsweise zwei Jahre nachlese, stelle ich fest, dass ich jeweils am 12. Januar auf dem Hof herumgebastelt habe. Und dass es in jedem Jahr an einem bestimmten Tag einen großen Sturm gegeben hat. Ich lese gerne in meinen alten Heften und versuche dahinterzukommen, was sie mir von Jahr zu Jahr sagen.

1978 habe ich zum Beispiel nach den üblichen Notizen eingetragen, was ich über den Vatikan in Erfahrung gebracht hatte:

1200 Angestellte, 900 Menschen leben in der Vatikanstadt, eigener Staat, 3 Milliarden Einkünfte aus Immobilienbesitz, die über den italienischen Staat reinkommen und auf ein Bankkonto fließen. Der Petersdom wird von Spenden erhalten und von den Eintrittsgeldern der Museen. Peterspfennig, Abgaben jeder Pfarrgemeinde. Jedes Land ist in Diözesen aufgeteilt, die ihre Gaben nach Rom schicken.

An diesem Tag habe ich wohl über das Einkommen des Papstes nachgedacht! Darauf läuft es wohl hinaus. Denn zwischen den Seiten meiner Hefte, zwischen Rechnungen aus einzelnen Läden und meinen Einträgen, finden sich auch Gebetsentwürfe für die Messen in der Kirche, in der ich Mesner bin. »Dinge von oben« eben. Meine Tage, meine Arbeit haben etwas sehr Spirituelles. Es finden sich Gedanken für junge Leute, die heiraten, über andere, die gestorben sind, und so weiter. Manchmal flattern mir auch Zeitungsausschnitte entgegen, zum Beispiel darüber, wie man das Gewicht eines Rindes am besten schätzt. Hier die Methode Crevat:

Man misst den Brustumfang unmittelbar hinter den Schultern und rechnet ihn in Kubik um (indem man ihn zwei Mal mit sich selbst multipliziert). Das Ergebnis wird mit einem Koeffizienten multipliziert, der je nach Zustand des Tieres von 68 bis 90 reichen kann, je nachdem ob es normal, halbfett, fett, fettarm oder mager ist. Bei Kälbern nimmt man den Koeffizienten 100!

Wer sich verschuldet, hat natürlich Probleme, etwas zur Seite zu legen. Das ging mir nie so. Ich habe nie viel gespart, aber ein wenig. Und wenn man jedes Jahr ein bisschen spart, dann summiert sich das auch. Aber ich habe mich nie zum Laufburschen des Staates gemacht, indem ich Prämien und Zuschüsse angenommen habe. Jenes Staates, der seit der Euro-Einführung zugelassen hat, dass die Preise immer weiter klettern. Heute zahlen wir für ein Kilo Kartoffeln einen Euro, das sind mehr als sechs Francs! Und der Salat kostet manchmal zwei Euro! Dreizehn Francs. Und von den Preisen für Äpfel oder Brot fange ich erst gar nicht an.

Eines ist sicher: Wenn ich heute dreißig Jahre jünger wäre, würde ich auf jeden Fall wieder Bauer werden!

Nun, es stimmt schon, wenn ich Kartoffeln klaube, zähle ich sie. Die Porreestangen auch. Ich schreibe alles auf. Vielleicht ist das ja auch nicht normal. Aber wenn ich meine Kartoffeln hätte kaufen müssen, so hätte mich das Jahr für Jahr mindestens tausend Euro gekostet! Und der Spargel erst. Der Spargel, den ich jeden Morgen in mein weichgekochtes Ei tauche. Ich möchte gar nicht wissen, was der Spargel kostet! Für die Speiserüben verlangt man mittlerweile zwei Euro pro Kilo. Früher hat man sie verschenkt, weil man so viel davon hatte.

Und als ich das Buch schrieb, kam mir alles noch viel teurer vor. Alles, was früher keinerlei Wert hatte, ist heute teuer geworden: der Hummer, den man fing, die Abalonen, die man nicht mehr findet, und jetzt auch Kartoffeln, Rüben und Karotten. Ein Kohlkopf kann heute den Kopf hoch tragen!

Man kann wohl sagen, dass man uns ganz schön geleimt hat.

Das Moped

Viele Besucher wollen meinen Traktor sehen, aber mein altes Moped interessiert sie auch. Als ich noch ganz jung war, lieh mir mein Bruder seines, wenn er zu Besuch kam. Dann bin ich losgezogen, habe mich im Dorf damit sehen lassen und bin bei meinen Freunden vorbeigefahren. Irgendwann hat der Nachbar mir seine alte Alcion verkauft. Damit bin ich sonntags lange Zeit immer nach Bayeux gefahren, aber der Weg war ganz schön weit. Schon hinter Carentan kam mir die Strecke unendlich lang vor. Und eines Tages gab die Alcion ihren Geist auf. Da kaufte ich mir 1965 eine nagelneue Motobécane Mobylette. Natürlich hat sie mit der Zeit Federn gelassen und ist ganz grau geworden, richtig trist sah sie aus. Da ich zu Hause einen Topf blaue Farbe hatte, habe ich ihr einen neuen Anstrich verpasst. Die Farbe war mir vom Lackieren der Milchzentrifuge ein paar Wochen davor übrig geblieben. Aber am Ende reichte die Farbe doch nicht und so blieben die Seiten erst mal grau. Als ich dann den Traktor gelb lackierte, verwendete ich den Rest Farbe für mein Moped.

Im Dorf glaubten die Leute schon, ich sei für die Schweizer Post unterwegs.

Meine Mobylette hat Hummer und Krebse kennen gelernt. Ich sollte mal in meine Hefte gucken, das waren bestimmt nicht wenige. Anfang 2008 gab sie dann den Geist auf. Ich hatte sie schon oft repariert, aber da war mir wirklich schleierhaft, was kaputt war. Wenn ich jetzt noch mal eine kaufe, renne ich mir damit nur den Schädel ein. Die Dinger heute sind einfach viel zu schnell. Mit meiner alten bin ich nicht einmal gestürzt. Als das Helmtragen Pflicht wurde, hat mir ein Kumpel einen gegeben. Der war zwar zu klein für mich, aber irgendwie habe ich ihn dann schon »passend gemacht«. Ich bin eben immer stolz darauf, dass ich mir nichts zu kaufen brauche. Als ich einmal in eine Polizeikontrolle geriet, winkte man mich zur Seite, aber ich fuhr einfach weiter und winkte zurück. Ich sah noch, wie einer der Polizisten sich an die Stirn klopfte. Wahrscheinlich hielt er mich für irre, aber das war in diesem Fall ganz gut!

Ein andermal hatte ich den Helm auf der Hobelbank vergessen, als ich losfuhr, um nach den Kühen zu sehen. Da höre ich das Polizeiauto hinter mir hupen. Ich tue, als merkte ich nichts, und fahre stracks auf den Hof zurück, wo ich das Moped verstecke. Der Polizist wartet am Gatter auf mich:

»Und Ihr Helm, Monsieur?«

»Ich hatte keine Zeit, ihn aufzusetzen. Ich habe meine Kühe von Weitem auf der Straße gesehen und bin augenblicklich losgefahren, um sie wieder auf die Weide zurückzutreiben.« (Das war eine faustdicke Lüge.)

»Dass ich Sie ja nicht mehr dabei erwische!«

Ha, Paul kann nämlich auch lügen. Ich hoffe, jetzt seid ihr nicht allzu enttäuscht.

Kurze Zeit später fuhr ich hinaus und lehnte das Moped an ein Gatter. Als ich mich wieder umdrehe, sehe ich, wie sich ein paar Pferde daran zu schaffen machen. Darauf wäre ich im Leben nicht gekommen.

Ich marschiere zurück, und natürlich liegt der Helm auf der Erde. Die vermaledeiten Pferde haben den Riemen verspeist und sich auch am Futter gütlich getan! Das hat mich wirklich geärgert. Aber nachdem ich den Helm innen wieder gesäubert hatte, passte das plötzlich ein bisschen größer gewordene Stück gut über meine Mütze. Das hält warm und der Mützenschirm schützt mich vor der Sonne.

Im Grunde sollte ich mich bei den Pferden bedanken. Der Helm sitzt jetzt gut und hält mir die Ohren warm.

Die Papiere

Nach dem Moped habe ich ein Auto gekauft, mein erstes, einen Gebrauchten. Da ein Cousin seine Schwester zur Fahrschule nach Cherbourg brachte, konnte ich mitfahren und hatte nach drei Fahrstunden den Schein. Ich bestand die Prüfung, weil ich dieselbe Strecke fahren musste wie in den drei Stunden davor. Dabei hat sich das Ganze wirklich schlecht angelassen. Ich fuhr viel zu vorsichtig. Der Prüfer sagte zu mir:

»Nicht ganz so langsam, der Herr. Schnecken brauchen keine Fahrerlaubnis.«

Da bleibt einem natürlich die Spucke weg. Los, fahr schon, sonst putze ich dich noch mal runter. Aber er hat mir den Schein dann doch gegeben. Ich habe einfach nicht mehr auf ihn gehört, sondern mich nur aufs Fahren konzentriert. Die Cousine kam nach mir dran und hatte eine Heidenangst, weil die vier Prüflinge vor mir durchgefallen waren. Als sie dann sah, dass ich bestanden hatte, fasste sie wieder Mut. Sie hat ihren Führerschein auch bekommen.

Natürlich musste ich für das Ausstellen des Scheins zahlen. Den muss man haben. Dabei mag ich keine Papiere.

Als man mich 2007 in den Elysée-Palast einlud, den Amtssitz des Präsidenten, hatte ich nicht einmal einen Ausweis. Ich habe meinen Führerschein vorgezeigt, damit man mich zur *Garden Party* einließ. Immerhin war der nagelneu, der alte ist nämlich verbrannt, als mein Wagen zusammen mit dem Stall und dem Heuschober Feuer fing. Da ich zusammen mit unserem Bezirksrat zum Fest ging, unterschrieb dieser eine entsprechende Erklärung. Der Knabe am Eingang sah mich ein wenig schräg an, als wolle er sagen: »Dieses Mal lasse ich es noch durchgehen.«

Was den Verwaltungskram auf dem Hof angeht, so habe ich Ende der Sechzigerjahre eine gute Sekretärin engagiert. Sie heißt Mademoiselle Martin. Steuern, Anträge auf EU-Gelder und so weiter und so fort – das schichte ich auf einen Haufen und stopfe es ihr in den Rachen! Und sie erledigt das mit den Papieren. Wahrscheinlich ist schon klar, was ich meine: unseren Holzofen, Marke Martin. Ich verheize das ganze Zeug. Das gibt ein schönes Feuer und fort mit Schaden. Nun ja, jedenfalls wollte ich keinen Pass beantragen. Die Versicherung, gut, das sehe ich ein. Aber vom ganzen Rest will ich so wenig wie möglich wissen: Beim Passamt nehmen sie dir die Fingerabdrücke ab und tragen dich ins Register ein … An der äußersten Spitze von La Hague brauchen wir so etwas nicht. Jeder kennt jeden, und andererseits lebt jeder für sich.

Ich wollte einfach »Paul« bleiben, ohne dass das Amt seine Nase in mein Privatleben steckt. Auch aus diesem Grund habe ich nie Zuschüsse von der EU beantragt. Und ich will keine Steuern bezahlen. Die fressen uns mit ihrer Großmannssucht ohnehin noch die Haare vom Kopf.

Die ganze Kohle heutzutage, das ist doch nicht normal. Wo die herkommt, weiß kein Mensch.

Wer Steuern zahlt, ist reich.

Die Grundsteuer an die Gemeinde entrichte ich aber.

Zwischen wirklich reichen Leuten würde ich mich unwohl fühlen. Das ist nichts für mich, ich bin es zufrieden, wie es ist. Man muss nicht immer mehr haben.

Reichtum heißt für mich, überflüssige Sachen zu besitzen und das auch noch den anderen unter die Nase zu reiben. Man will zeigen, dass man mehr hat. Mich interessiert es nicht, irgendwie »besser« zu sein als andere Menschen. Die reichen Leute meinen, alles sei nur für sie da, und so verlangen sie immer noch mehr. Was ich mit Reichtum meine, ist, Kohle zu haben. Also nicht nur das, was man zum Leben braucht. Jemand, der wirklich reich ist, besitzt genauso viel, wie er eben braucht. Er ist im Glück bescheiden.

Ich zum Beispiel mache gerade neue Fensterläden. Natürlich könnte ich diese automatischen kaufen, die von selbst runtergehen. Aber wo bleibt dann das Vergnügen? Ich könnte mir einen elektrischen Hobel kaufen und andere Maschinen, aber ich mag nicht. Ich benutze immer noch das Werkzeug meines Vaters und arbeite damit in aller Seelenruhe.

Reichtum heißt in Wahrheit, Dinge selbst machen zu können.

Denn wenn es dann mal Ärger gibt, wenn wie im Jahr 2009 das Geld verrückt spielt, dann hast du keine Probleme. Du lebst für dich, mit dem Wissen, das du von deinen Vorfahren geerbt hast, und kannst ruhig schlafen.

»Na, bist du jetzt reich?«

Wenn mich die Leute das fragen, sind sie meist ein wenig verlegen, aber trotzdem neugierig:
»Na, Paul, der ganze Rummel hat dir vermutlich ganz schön was eingebracht, oder? Wie viel *Tantiemen* hast du denn bekommen? Erzähl doch mal, was ein Filmstar so verdient.«
Schalkhaft antworte ich:
»Ach, das möchtest du wohl gerne wissen? Na ja, ich kriege mehrere Millionen pro Tag.«
Bin ich reich geworden? Diese Frage kommt fast immer. Glücklicherweise wissen die meisten, dass es nicht dasselbe gewesen wäre, wenn ich für den Film *Paul dans sa vie* eine Gage erhalten hätte. Dann hätte ich ja geschauspielert.
Aber das im Film bin wirklich ich in meinem Leben. Wenn man seine Zeit damit zubringt, von seiner Arbeit zu reden, dann ist man kein Filmstar, sondern Bauer. Und Bauern verdienen kein Geld, wenn sie nichts tun.
Als ich den Film gedreht habe, hat mich das nicht daran gehindert, meine Arbeit zu erledigen. Die Filmcrew war da, alle hatten Spaß, aber ich musste nichts extra tun.
Das Wetter in La Hague serviert dir manchmal drei verschiedene Jahreszeiten an einem Tag. Also ein klein bisschen Schauspielern musste schon sein.

Aber deswegen bin ich noch lange nicht reich geworden. Wenn ich reich hätte werden sollen, dann hätte der Reichtum aus meinen Feldern stammen müssen.

Ein paar Mal – ich will nicht lügen – ist es schon vorgekommen, dass Leute bei mir vorbeischauten, um nachzusehen, ob ich meine Fenster ausgetauscht habe. Ehrlich. Die Fenster hätten es nötig, aber das muss wohl warten.

Ich habe nichts bekommen, und jeder meint, ich hätte viel Geld kassiert. Das ist nicht gerecht. Da beiße ich manchmal die Zähne zusammen. Andererseits amüsiert es mich, wenn ich daran denke, dass alle glauben, ich hätte Geld fürs Nichtstun bekommen. Denn der Film, das war ja keine richtige Arbeit. Es ging darum, dass ein altes Fossil wie ich Zeugnis ablegt, weil es keine Kinder hat, denen es alles erzählen kann.

Irgendwie sind sie auf mich gekommen, aber es hätte auch jemand anderer sein können. Ich hätte denjenigen dann jedenfalls nicht gefragt, ob er von seinen Abenteuern reich geworden ist.

Die Antwort liegt ja wohl auf der Hand.

Sie lautet ganz einfach Nein! Und das ist auch in Ordnung so. Ich bin ja kein Idiot.

Manchmal blödle ich so dahin, dass ich reicher wäre, wenn ich den Dokumentarfilm nicht gedreht hätte, weil ich dann weniger Kaffee kaufen müsste! Aber natürlich übertreibe ich schamlos, denn viele Besucher bringen uns Kaffee mit.

Ein Dokumentarfilm, das ist ein Geschenk, das man macht. Wenn man dich dafür bezahlt, ist es nicht dasselbe. Ich hätte nichts gewollt. Es hat mir Spaß gemacht. Das ist wie mit den anderen Sachen: Der ganze Papierkram, Verträge und so, das nervt mich. Man fühlt sich freier ohne. Andererseits bin ich auch nicht einverstanden, wenn es heißt, hätte ich Geld bekommen, dann wäre ich nicht mehr »echt« gewesen. Man muss doch nicht übertreiben. Wenn das Geld einen armen Teufel wie mich »falsch« machen könnte, welche Wirkung hätte es dann erst auf andere ...

Dann müsste es eine Menge »falscher« Menschen auf der Welt geben!

Einmal habe ich Werbung für ein anderes Land gemacht – ich erinnere mich nicht mehr, für welches – und da hat man mich bezahlt. Da kamen Leute zu mir und baten mich, mit dem Traktor bis nach Treize Vents in Herqueville zu fahren, sieben Kilometer von meiner Gemeinde Auderville entfernt. Ich stand da einen halben Tag lang rum, wir haben viel gelacht. Ich musste die Straße hinunterfahren, ohne anzuhalten. Zwei Radfahrer taten so, als würden sie in meinen Traktor hineinfahren und in hohem Bogen in den Graben fliegen. Dort blieben sie wie tot liegen.

Noch heute rede ich vom »Tatort«, wenn ich dort vorbeikomme, weil ich da ja angeblich zwei Leute überfahren habe!

Der Kameramann blaffte:

»Also, wie viel wollen Sie für die kleine Störung?«

Ich wollte nichts wie immer, andererseits hatte ich einen ganzen Nachmittag mit dieser Geschichte zugebracht. Weil er darauf bestand, mir meine Zeit zu entgelten, habe ich mich getraut und sagte:

»Fünfhundert Francs alles in allem sollten reichen.«

Ein Abonnement der katholischen Zeitschrift *Pélérin* kostete dreihundertfünfzehn Francs, und ich las sie so gerne, dass ich meine Scham überwand. Außerdem würde ich mir davon neue Gummistiefel kaufen können, die ebenfalls fast zweihundert Francs kosteten. Und die brauchte ich wirklich.

Da zog er einfach fünfhundert Francs aus der Tasche, und die Sache war gegessen. Ich bin mit meinen Scheinen abgezogen und hatte das Gefühl, den ganzen Tag nicht richtig gearbeitet, aber trotzdem viel Geld verdient zu haben. Die Feldarbeit bringt deutlich weniger ein. Fünfhundert Francs, dafür bekam man damals ein halbes Kalb. Wenn ich jetzt so davon erzähle, glaube ich, ich hätte ruhig mehr verlangen können! Von diesem Werbefilm habe ich nie wieder etwas gehört. Gedreht wurde er am 11. März 1994, und in meinem Heft steht: »500 Francs für vier Stunden Filmdreharbeiten mit Traktor und Anhänger.«

Am nächsten Tag habe ich mir dann das Abo bestellt und die Stiefel gekauft.

Nun ja, aber ich rede einfach nicht gern über Geld.

Der Ausweis

Ein Mann kam zu mir nach Hause, nicht im Sonntagsgewand, sondern ganz normal gekleidet. Seine Frau und Michel Laurent, unser Bezirksrat, der diese Zusammenkunft organisiert hatte, begleiteten ihn.

Wir haben Kaffee getrunken und mindestens zwei Stunden lang geplaudert. Schließlich schlug der Mann, der sich als Monsieur Eudier, Direktor der Wiederaufbereitungsanlage von La Hague, vorgestellt hatte, meinen Schwestern und mir vor, doch mal das Kraftwerk zu besuchen.

Ich hatte schon hin und wieder ein Schreiben des Unternehmens mit der Einladung zu einer Gruppenbesichtigung erhalten. Aber diese Briefe habe ich immer meiner so überaus effektiven Sekretärin anvertraut …

Wir haben über La Hague geredet. Monsieur Eudier lebt seit Langem hier und liebt unseren Landstrich sehr. Das hat mir gefallen, denn ich mag es, wenn andere Leute mir von ihrem Leben erzählen und von unserem Land hier. Ich fand ihn sehr sympathisch.

So kam ich ins Nachdenken, aber ich denke über das Ganze ohnehin schon eine Weile nach. Ich habe mir immer gesagt, dass ich nie einen Fuß dort hineinsetzen werde. Aber es ist wirklich schwierig, sich ein Bild von etwas zu machen, das man nicht kennt. Und so nahm ich seinen Vorschlag an, allerdings nur unter einer Bedingung:

»Wissen Sie, ich bin ein neugieriger Mensch – ich werde mir Ihr Kraftwerk ansehen. Aber nur, wenn ich mit all meinen Haaren zurückkomme!«

Mit diesen Worten habe ich die Mütze abgenommen und bin mir mit den Fingern durch den Haarschopf gefahren, wie ich es mache, wenn Besucher kommen und fragen, ob ich denn glaube, dass die Atomanlage gefährlich sei. Denen sage ich dann immer:

»Nun, meine Haare habe ich noch, wie ihr seht!«

Das gibt dann immer was zu lachen. Doch um die Wiederaufbereitungsanlage zu besuchen, würde ich einen Ausweis brauchen.

»Ohne Ausweis können Sie nicht hinein, Paul. Man hat mir gesagt, dass Sie immer noch keinen Pass haben!«

Da hatte er natürlich recht. Jetzt musste ich Farbe bekennen! Trotzdem versuchte ich, mich aus der Affäre zu ziehen:

»Aber meine Schwestern haben einen. Und ich habe meinen Führerschein!«

»Nein, der Führerschein gilt nicht. Sie brauchen einen Ausweis. Den müssen Sie im Rathaus beantragen.«

Was denn noch alles!

Ich hatte keine Lust, zu den amtlich Gemeldeten zu gehören. Ich war Ende siebzig und stolz darauf, dass ich bis dahin ohne Ausweis zurechtgekommen war. Es war ganz schön kompliziert, in die Wiederaufbereitungsanlage zu kommen. Beim Präsidenten der Republik vorgelassen zu werden ist einfacher als beim Direktor der Areva, des Betreibers der Wiederaufbereitungsanlage von La Hague! Aus der Rückschau kann ich allerdings sagen, dass es einfacher war, an den Direktor heranzukommen als an den Präsidenten. Allerdings waren im

Elysée-Palast auch mehr als zweitausend Leute zugegen! Man kann schließlich nicht jedem die Flosse drücken. Nicolas (der noch mit Cécilia zusammen war) ist in etwa zwanzig Metern Entfernung an mir vorbeispaziert, aber er hat mich nicht bemerkt. Sein Gehilfe allerdings (Premierminister Fillon) hat mich gegrüßt.

An jenem Tag vereinbarten wir mit dem Direktor einen Termin für unseren Besuch. Dummerweise war drei Tage davor mein Ausweis immer noch nicht da. Doch ein kleiner Telefonanruf seitens eines Politikers im Rathaus und hopp! (Bei diesen Leuten geht es immer schnell.) Am Tag vor dem Besuch holte ich den Ausweis im winzigen Rathaus von Auderville ab. Was für ein Ereignis!

Seitdem bin ich amtlich gemeldet. Jetzt trage ich mein Konterfei in Plastik eingeschweißt in der Brieftasche herum.

Evelyne Laurent, die Frau des Bezirksrates, der an diesem Tag verhindert war, sollte uns bei unserem Ausflug begleiten. Sie kam in den Achtzigerjahren als Sekretärin des Bürgermeisters in unsere kleine Gemeinde. Damals war sie dreißig. Wahrscheinlich erinnert sie sich noch an die erste Gemeinderatssitzung. Da saß sie zwei geschlagene Stunden da, hörte uns beim Debattieren zu und machte sich nicht ein einziges Mal Notizen. Wir sagten uns, dass sie wohl ein phänomenales Gedächtnis haben müsse. Von wegen! Nur redeten wir die ganze Zeit Dialekt: Sie verstand schlichtweg kein Wort! Bei der nächsten Sitzung bat der Bürgermeister uns, doch bitte Französisch zu sprechen. Wir haben sie trotzdem behalten, und mit der Zeit hat man sich aneinander gewöhnt. Jetzt spricht sie Dialekt wie wir.

Ich hatte also meinen Ausweis in der Tasche und war bereit für den großen Tag.

Ich sagte mir: Wenn ich nach dem Besuch mit der Regierung nicht einverstanden bin, kann ich das Dokument ja immer noch zurückschicken.

Der Umschlag liegt schon bereit.

Zutritt verboten!

Früher musste man kilometerweit durch die duftende Heide, wenn man von Beaumont-Hague kam und nach Auderville zurückwollte, denn das Dorf lag mitten im Heideland. Wenn man alt wird, spielt einem das Gedächtnis manchmal Streiche, wenn man es nicht übt. Doch ich erinnere mich noch gut an den Ort, auf dem ein Fluch zu lasten schien. Am Tag ging es ja noch, aber nachts: Wie viele Leute aus unserer Gegend wurden dort ausgeraubt, wenn sie vom Viehmarkt zurückkamen. Dort lauerten die Geister getöteter Banditen, *goubelins*, wie wir sie nannten, »Teufelchen«.

Und dann gab es noch die Geschichte von dem kopflosen Ritter auf einem Pferd mit langer, seidiger Mähne. Von diesem Gespenst hieß es, es wache über den Heideschatz und lasse sich vorzugsweise am Jahresende sehen, bei Vollmond oder wenn der Nebel über die Heide streicht. Die Schmuggler versteckten sich dort und spielten Katz und Maus mit den *gabelous*, den Gendarmen.

Manche haben sich eine Erkältung eingefangen und starben dann an Rippenfellentzündung. Dieser Ort brachte Unglück. Ganz früher begruben die Kelten dort ihre Toten, man fand später die Hügelgräber. Man erzählt, dass die Heiden auf der dunkelbödigen Heide eine Art Schießstand auf künstlichen Hügeln errichtet hatten, um das Cotentin zu erobern. Und dass nach der siegreichen Schlacht die christlichen Krieger zu Gott beteten, er möge sie ihre eigenen Leute erkennen lassen, damit diese rund um die Kirche beerdigt werden konnten. Wenn der Betreffende getauft war, erklang beim Begräbnis ein Schrei vom Himmel – *mort cry* –, so hieß es. Die Leichen der getöteten Feinde blieben auf offenem Feld liegen.

Als die Heide unter ihre Bewohner aufgeteilt wurde, damit sie sie bebauen konnten, merkten die Einwohner von Jobourg bald, dass die Heideerde mal rot, mal schwarz gefärbt war. Das nährte den Glauben an ein einstiges Bestattungsfeld, aber auch die Vorstellung, man habe hier »etwas hergebracht«, was vorher nicht da war. Das hatte etwas von Schätzen, Fluch und Tod. Als die Politik entschied, hier auf dem Heideland die Wiederaufbereitungsanlage zu errichten, hat man einen verfluchten Ort gewählt, einen Friedhof, auf dem die Irrlichter tanzen, einen Ort voller Magie und Mysterium, voller überirdischer Dinge, über die man nicht spricht, die nur gefühlt, aber trotzdem von Generation zu Generation weitergegeben werden.

Nun, ich will niemandem Angst machen, doch dieser Ort war schon verflucht, bevor die Anlage dort errichtet wurde.

Am Tag meiner Firmung in der Kirche von Beaumont-Hague im Jahr 1942 haben wir auf dem Rückweg auf unserem Karren ein paar Schüsse abbekommen, sodass unsere Stute bockte. Die Deutschen hatten dort kleine Blockhütten errichtet, von denen aus Granaten geworfen oder Maschinengewehre abgefeuert wurden. Natürlich sind wir mit dem Leben davongekommen, schließlich waren wir drei Kinder aus dem Dorf gerade vom Bischof gesegnet worden! Ein paar Monate später wurde die Straße durch die Heidelandschaft abgeriegelt. Von da an war der Zutritt verboten.

Seitdem jagt mir dieser Ort immer ein wenig Angst ein. Er strahlt etwas Unangenehmes aus, hat etwas Schweres, Bedrückendes. Wenn du ihn auf dem Weg von Goury endlich hinter dir gelassen hast, wirst du wieder ruhiger. Auch heute noch kehrt meine Seelenruhe erst wieder, wenn ich Jobourg erreicht habe.

Dann ist man wieder im wirklichen La Hague. Waren wir mit unserem Vater und der »Grauen«, unserer Stute, unterwegs, richteten wir den Blick immer nach links aufs Meer, wenn wir dort vorüberkamen. Wir sind vorbeigefahren, ohne etwas zu sehen. Und auch heute schauen wir stets nach links, zum Meer hin, wenn wir von Beaumont-Hague nach Auderville zurückkehren.

Sonst springt dir gleich die Wiederaufbereitungsanlage ins Auge mit ihren zwei Kilometern Stacheldraht, die wirklich hässlich ist, meiner Meinung nach jedenfalls. Aber heute, mit dem Auto, geht es wenigstens schnell. Wenn man die Fenster geschlossen hält, hat man auch kein Problem mit den Strahlen.

Man sieht die Anlage ja nur von außen. Noch heute haben wir das Geräusch der Sprengungen im Ohr, obwohl das schon Anfang der Sechziger war. Für die Wiederaufbereitungsanlage haben die Bauarbeiter die verfallenen Befestigungsanlagen der Deutschen gesprengt. Manchmal läuft mir ein Schauer über den Rücken, wenn ich die großen Kamine der Anlage sehe, aus denen weiß der Teufel was herauskommt. Von innen wirkt die Wiederaufbereitungsanlage sehr viel menschlicher, weil es drinnen von Leuten nur so wimmelt. Das ist wie eine Stadt für sich.

Der Besuch

Evelyne Laurent kam an diesem Morgen schon früh zu uns, ich war gerade mit der Morgentoilette fertig. Françoise wird mich begleiten, Marie-Jeanne hört schlecht, daher bleibt sie lieber zu Hause. Der Direktor, Monsieur Eudier, empfängt uns sehr herzlich und vertraut uns dann der Führung einer Dame an. Von ihren Büros in den oberen Stockwerken haben die Herren einen wunderbaren Blick auf La Hague. Wenn einer von ihnen auf unsere Gegend hier zu sprechen kommt, hört es sich immer so an, als würde er sie sehr schätzen. An den Wänden hängen wirklich schöne Fotos von unserer Gegend. Ein paar von den Leuten, die ich dort kennenlerne, erzählen mir sogar, dass sie in den Ferien nie weit wegfahren, sondern lieber zu Hause bleiben, um dem Meer zuzuhören und im Garten herumzuwerkeln. Ihre kleinen Geschichten freuen mich, ich hatte mir nämlich schon vorgestellt, dass gewisse Leute unsere Ecke wohl nicht mögen, denn die Wiederaufbereitungsanlage wirkt wie ein Fremdkörper in unserer schönen Landschaft.

Früher, vor meinen Abenteuern mit Regisseuren und Schriftstellern, habe ich nie darüber nachgedacht, dass es hier, in La Hague, schön ist. Ich bin ja nie weggekommen. Mittlerweile weiß ich, dass es hier außergewöhnlich schön ist, das wird mir vor allem dann klar, wenn ich weit weg bin. Scheinbar geht es den Angestellten in der Anlage genauso, nur dass sie diese Erkenntnis früher hatten als ich, weil sie aus anderen Orten kommen. Sie konnten vergleichen. Als ich im Mai 2008 nach Deauville kam, spazierte ich über den künstlichen Strand, den man mit Sand aufgeschüttet hat. Dabei kam mir unwillkürlich der Gedanke, dass man die Wiederaufbereitungsanlage auch dort hätte bauen können. Da hätten sie schön gemeckert, die Leute aus Deauville und dem nahen Paris. Für uns wäre es natürlich besser gewesen. Nur dass Deauville den Reichen gehört. Die hätten sich mit Bündeln von Geldscheinen verteidigen können. Während des Besuchs redet man ein bisschen, dann kehrt jeder an seine Arbeit zurück. Wir verabreden uns zum Mittagessen. Françoise, Evelyne und ich sehen uns bis dahin ein paar interessante Filme an. Ich hatte geglaubt, man würde uns im Bus über das weitläufige Gelände kutschieren wie die anderen Besucher, aber nein, dies ist ein offizieller Besuch. Ein kleines Auto fährt uns herum. Da und dort ist noch ein wenig von der Heidelandschaft übrig. Hinter den riesigen Bauten stehen ein paar Ginsterbüsche und ein wenig Grünzeug. Man spürt, dass es ein gewisses Bestreben gibt, das zu erhalten, was hier einmal war. Das erstaunt mich. Ich bin ganz zufrieden, als wir ins Zentrum der Anlage zurückkehren.

Dann müssen wir die Schutzanzüge anziehen. Paul im weißen Raumanzug! Ein weißer Panzer, eigentlich eine Art Arbeitsanzug. Dabei werden wir uns doch gar nicht schmutzig machen. Wir betreten eine kleine Kabine wie in der Röntgenabteilung der Poliklinik. Unter dem Anzug ziehe ich alles aus, damit ich auch ja nichts rausschleppe aus diesem Ort … Man weiß ja nie. Als wir uns dann in den Anzügen sehen, müssen wir laut lachen.

Paul zieht sich aus, um der Bestie ins Auge zu sehen!

Ich bin ja nicht von gestern.

Immerhin habe ich dieses Mal nichts falsch angezogen. Jedenfalls hat niemand etwas gesagt. Anders als damals beim Röntgen, wo ich das Hemd verkehrt herum anhatte, mit der Öffnung nach vorne. Die Dame, die mich aus meiner Kabine holen wollte, machte die Tür gleich wieder zu. Und kam nicht wieder herein, bevor sie sich nicht versichert hatte, dass der Schlitz jetzt hinten war!

Kurz gesagt: In der Wiederaufbereitungsanlage sollte man, glaube ich, die Unterwäsche anbehalten, aber ich habe vorsichtshalber alles abgelegt. Und ich habe darauf geachtet, dass mein Anzug überall schön zugeknöpft war. Ich will ja schließlich niemanden erschrecken.

Nun wird mir doch ein wenig mulmig. Sobald man den Anzug anhat, hat man das Gefühl, wirklich in einer Nuklearanlage zu sein. Da sind schon die Wasserbecken! Aber baden möchte ich darin nicht.

Ich mustere die Decke und die Ecken der Räume: nicht eine Spinnwebe.

Jetzt sind wir also zu Besuch im Herzen des Ungeheuers.

Die Zeit vergeht schnell.

Dann sind wir in einem Raum, von dem aus Roboter gesteuert werden. Wir sind gerade rechtzeitig eingetroffen, um etwas mit anzusehen, das irgendwie technisch ist, aber da muss ich passen. Das ist mir zu hoch. Evelyne und Françoise hören den Erklärungen aufmerksam zu, ich lasse mich ablenken. Ich überlege, wie es mir wohl ergangen wäre, hätte ich, wie so viele andere, beschlossen, hier zu arbeiten. Ausgerechnet ich, der ich die Arbeit auf dem Feld und mit Holz so gerne mag. Aber vielleicht hätten sie ja auch einen Schreiner gebraucht, wer weiß? Trotzdem hätte ich hier nie Hobelspäne riechen können wie in meiner Werkstatt, wenn der Hobel sanft über die Holzfläche gleitet und die Späne zu Boden fallen. Hier gibt es nicht mal Staub, geschweige denn Sägemehl. Nein, ich bedauere es wirklich nicht. Ich freue mich über den Besuch hier, aber ich bin glücklich, Bauer geblieben zu sein.

Dann betreten wir die »Hexenküche«, wie wir das Labor scherzhaft nennen. Man öffnet riesige Kühlschränke, in denen allerhand Zeug liegt, das man zwar kennt – wie zum Beispiel einen halbverbrannten Hummer –, aber nicht essen darf. Krabben, Kräuter, Milch, Eier, Käse, Algen in langen Plastikbehältern, und andere Lebensmittel. Das Zeug wird verbrannt und dann auf Radioaktivität getestet.

Man führt also Kontrollen durch.

Glücklicherweise bietet man uns hier nichts zum Essen an. Denn nach dem Kochen wandern all die Sachen in einen Mixer, und der arme Hummer, den nicht ich gefischt habe, findet sich plötzlich im Reagenzglas wieder.

Wenn das keine Verschwendung ist!

Dann müssen wir durch die Schleuse, den Damen gebührt der Vortritt. In der Schleuse wird getestet, ob man beim Spaziergang durch das Werk vielleicht radioaktiv geworden ist. Man muss die Hände vor sich ausstrecken. Nur dass bei mir das Licht rot bleibt. Ich gehe immer wieder hinein und wieder heraus, nichts zu machen, das Licht bleibt rot.

Ich könnte mir einen Ast lachen.

Aber nein. Stattdessen stelle ich mich noch einmal wie gefordert hin, richte mich auf. Ich bin ja schon reichlich krumm. Also strenge ich mich an und drücke die Schultern durch. Schließlich ist das gute Stück zufrieden und entlässt mich aus seinen Klauen.

Dabei hat es drei Mal hintereinander rot gezeigt. Wenn man wieder herauskommen will, ist es jedenfalls besser, den Kopf hoch zu tragen! Wir gehen im *Moulinets* essen, dem Gästehaus, wie man das hier nennt. Wie viele unserer jungen Mädchen wohl hier arbeiten? In den Dörfern ringsum ist dieses Restaurant im Gespräch, hier serviert man Hummer, die nicht gefroren waren, und zwar in Cognac flambiert, frischen Fisch und ausgezeichnete Desserts. In Herqueville, wo das Restaurant liegt, und den Dörfern der Gegend isst man ihn eher *à la haguaise* (einfach nur mit Salz und Pfeffer). Hummer könnte ich ohnehin jeden Tag essen. Wenn man mir den auftischt, ziere ich mich nicht lange. Wenn's ums Essen geht, sind wir Bauern, wir, die Bedels, und die anderen aus La Hague. Die Welt hat sich verändert, seit die Wiederaufbereitungsanlage gebaut wurde. Ihr Präsident, der eigentlich eine Präsidentin ist, hat anscheinend meine Biografie gelesen, *Paul dans les pas du père* (Paul in den Fußstapfen seines Vaters). Da frage ich mich natürlich, wieso eine so hochstehende Dame sich für einen armen Teufel wie mich interessieren sollte. Aber eben dieser wenig entwickelte Paul speist heute Mittag mit dem immer noch freundlichen Direktor der Anlage und Françoise, meine Schwester, ist ganz hingerissen. Er hat sogar die Dame mit eingeladen, die uns den ganzen Tag herumgeführt hat, und das finde ich wirklich nett. Ich mag es nämlich nicht besonders, wenn man die Angestellten, die kleinen Leute, ausschließt. Am Nachmittag wird die Führung fortgesetzt, schließlich erhalten wir unsere Ausweise zurück. Man hat uns nicht einfach in eine Ecke abgeschoben, das war eine echte Einladung. Am Schluss werden wir sogar zum Ausgang geleitet.

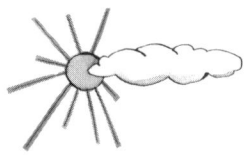

Der Frieden

Als wir den überfüllten Raum betreten, applaudieren die Leute, viele haben mein Buch unter den Arm geklemmt. Alle haben ein nettes Wort für uns. Einige erkenne ich, junge Leute aus unserer Gegend. Sie scheinen sich über unser Kommen zu freuen. Andere stammen zwar nicht aus unserer Ecke, lieben aber La Hague genauso wie wir – es freut mich, das zu hören. Es wirkt wie eine große Familienfeier. Alle scheinen gern dort zu arbeiten. Und das ist nicht wenig, wenn man in seinem Beruf glücklich ist, gerade heute, wo jeder sich beklagt.

Und so habe ich das Wort ergriffen und erklärt, weshalb ich gekommen bin:

»Ich dachte immer, ich sei jemand, der nicht viel nachdenkt. Nach einer Krankheit hatte ich in der Schule Schwierigkeiten mitzukommen, zumindest wenn ich mich mit den anderen verglich. Ich war einerseits schüchtern, andererseits wollte ich so gerne mit den anderen reden. Jemand wie ich, der kein Ingenieur, aber andererseits auch nicht auf den Kopf gefallen ist, begreift nicht auf Anhieb, was hinter dieser Sache mit dem Atom steckt. Das ist was für Leute, die studiert haben, nicht für einen Hinterwäldler wie mich. Ich war immer nur auf dem Feld. Und dann war da der Krieg, den wir vergessen wollten. Man kann sich das heute gar nicht mehr vorstellen, aber der Krieg beschäftigte uns noch lange Zeit, ja sogar heute noch.

Als man das Werk hier baute, sprengte man die Befestigungsanlagen, die die Deutschen in der Heide zurückgelassen hatten. Schon das weckte in mir unangenehme Erinnerungen. Ich war sofort auf der Hut. Der Krieg hat alles verändert, und beim Bau der Wiederaufbereitungsanlage hatten wir den Eindruck, eine zweite Nachkriegszeit zu erleben. Keine Schafe, keine Ziegen mehr, die auf der Heide weideten. Auch der kopflose Ritter hatte nun keine Heimat mehr. Stattdessen Straßen, Lastwagen, Beton, Krach. Und dann all die Leute, die »Auswärtigen«, die uns mit diesem belustigten, manchmal auch verächtlichen Blick musterten. Das war nur ein Grund mehr, weshalb wir uns nicht für diese Betonbauten interessierten, die bald höher waren als unsere Häuser. Manche Leute von auswärts behandelten uns, als wären wir irgendwie abartig. Das sagte man uns sogar. Meist aber beleidigte man uns einfach nur mit Blicken.

Mir hat das nichts ausgemacht, ich liebe diesen Landstrich zu sehr. Meine Schwestern auch. Wir sind mit den Tieren, den Steinen hier in Liebe verbunden. Eigentlich mit allem. Ich bin sicher, dass es auch solche verächtlichen Blicke waren, die die jungen Leute von hier vertrieben haben. Doch mit der Zeit haben wir gelernt, uns gegenseitig zu achten und uns einander anzupassen. Das ist viel besser so. Jeder führt sein Leben, wie es ihm passt. Solange ich Kühe hatte, bin ich um halb fünf Uhr morgens aufgestanden, habe noch ein wenig in meiner Werkstatt herumgebastelt, bevor ich um halb sieben, nach dem ersten Kaffee, zum Melken ging. Ihr hier im Werk müsst euch nach dem Wecker richten und seid Sklaven der Zeit. Ich nicht.«

Das war es in etwa, was ich den Leuten in der Wiederaufbereitungsanlage gesagt habe.

Ich könnte ja noch einen kleinen Witz anbringen: Wenn die Atomanlage funktioniert, haben wir bald Hummer mit vier oder sogar sechs Scheren. Das wäre doch gar nicht schlecht!

So ganz passt mir das Werk dort auch nicht, aber immerhin haben dadurch ein paar Leute Arbeit. Ich habe das Werk besucht, und das war's auch schon. Nichts hat sich geändert. Ich bin hinein und wieder heraus, und ich danke dem Direktor für den freundlichen Empfang, den er uns bereitet hat.

Der Krieg hat alles verändert, alles zerstört. Damit mussten wir dann leben. Viele Leute kritisieren das Werk und meinen, sie wollen es hier nicht haben. Aber dann schalten sie doch den Strom ein. Es gibt sogar Leute, die uns, die Menschen von La Hague, kritisieren, weil wir hier unter dem »atomaren Niederschlag« leben. Und doch kommen sie ohne Strom nicht aus.

Man verachtet uns.

Wenn ich mich dazu äußere, heißt es gleich: »Dieser Idiot hat sich doch bisher nur um seinen Acker gekümmert!« Mag schon sein, nur verstehen die Leute, die uns verurteilen, nicht, dass wir keine Wahl hatten – wie mit dem Krieg. Man wirft uns vor, dass wir den Bau der Wiederaufbereitungsanlage nicht verhindert haben. Sie hätte ja auch woanders stehen können. Jetzt ist sie da. Wir wollten keine Anschläge unterstützen, um den Bau zu verhindern, womöglich wären Menschen ums Leben gekommen. Revolutionen führen nirgendwohin, Tote auch nicht.

Es gab Demonstrationen, aber wie soll ein kleiner Landstrich, auf dem gerade mal eine Handvoll Leute leben, gegen einen Beschluss angehen, der an so hoher Stelle gefasst wurde? Wie hätten wir denn die »verfluchte« Heide retten sollen? Meine Tante Alexina ging mit dem Stock auf die »Atomleute« los. Nun, das liegt wohl in der Familie, das hat mein Großvater mit den Boches auch so gemacht. Sie verteidigte ihr Land mit einem Stock. Auch gegenüber Leuten, die ohne Erlaubnis auf ihrem Grund und Boden jagten. Vor Gewehren hatte sie keine Angst. Ingenieure, Landvermesser, Jäger, ja sogar Spaziergänger ... Mich hat sie auch mal bedroht, als ich mit meinem Vater über ihre Felder ging. Aber mein Vater meinte nur:

»Ich habe zwei Finger im Krieg (1914–18) verloren, damit du hier in Frieden leben kannst. Also lass uns schon vorbei.«

Von da an hat sie uns in Ruhe gelassen.

Meine Tante war schlau. Sie hat den Preis für ihre Felder ganz schön hochgetrieben, nur um alle zu ärgern. Aber am Ende ist sie doch enteignet worden. Soweit ich weiß, hat sie die Entschädigung dafür nie angerührt. Sie hat das Geld einfach auf der Raiffeisenkasse liegen lassen. Und als sie gestorben ist, war es nichts mehr wert.

Die Leute hier lassen sich nicht kaufen. Zumindest hat es noch keiner geschafft, Menschen in Geld zu verwandeln.

Wenn man La Hague in den Dreck zieht, mein La Hague, regt mich das richtig auf. Die Leute, die sich Hunderte Kilometer von hier entfernt mit Atomstrom das Leben erleichtern, sollten mal hierher kommen und sich einfach das Land ansehen, nur schauen. Nicht das La Hague, das man mit der Wiederaufbereitungsanlage in Verbindung bringt, sondern das alte, authentische La Hague mit seinen Bewohnern.

Denn mein Vater hatte recht: Zu viele junge Männer haben im Krieg ihre Gliedmaßen verloren. Der Mensch braucht Frieden. Die Leute, die uns »die Verstrahlten« nennen, sind genau die, die nie hierherkommen und diese schöne Landschaft betrachten. Aber da verpassen sie wirklich was!

Ich verlange nur eins für die Jungen und Mädchen, die auf diesem Fleck Erde zur Welt kommen: dass man uns achtet und uns wie Menschen behandelt und nicht in Fernsehsendungen und Zeitungsartikeln in den Dreck zieht. Kritik darf unserem Land nicht schaden, keinem Land.

Der Atompfarrer

La Hague, das sind für uns unsere Felder, unsere Steilhänge, unser Boden. La Hague, das ist ein Schiff auf dem Wasser. Unsere Milch, unsere Kühe, unsere Schafe, die auf salzigen Weiden grasen. Und unsere Steinmäuerchen. Die Butter aus unseren Molkereien trug früher die Aufschrift »La Hague«. Jetzt hat man diesen Namen ersetzt. Nun heißt es: »Butter aus Val de Saire« oder »Valco«. Wenn auf einem Lebensmittel »La Hague« steht, lässt es sich nicht mehr verkaufen. Was die hämischen Bemerkungen angcht, weil wir in der Nähe der Wiederaufbereitungsanlage leben, halte ich mich gern an unseren Pfarrer Camille Hamel. Der hat sich darüber nur lustig gemacht. Seine Kollegen in Coutances haben ihn den »Atompfarrer« getauft. Das gefiel ihm. Er meinte, das höre sich an, als sei er voller Energie!

Wir hatten ja keine andere Wahl, als darüber zu lachen. Immerhin hat es den Vorteil, dass unsere Küste nicht mit den Bettenburgen für die Touristen verbaut wurde. In gewisser Weise haben wir Glück gehabt.

Es gibt hier nur wenige Menschen, die nicht vom Werk profitiert haben. Meinen Schwestern und mir bescherte es beispielsweise viel mehr Kundschaft für unsere Butter. Wir waren Bauern, und auf einmal, wenn ich das so sagen darf, hat man uns das Atomzeug vor die Nase gesetzt, die atombetriebenen Unterseeboote und das Kernkraftwerk in Flamanville. Wir sind von der Atomindustrie umgeben. Vom traditionellen zum modernen Leben, könnte man sagen. Die Landschaft hat sich verändert, ich nicht. Bei uns hat sich nichts verändert, gar nichts. Vielleicht leiden wir deshalb nicht darunter. Mir hat vor allem der Wegzug der jungen Bauern weh getan, die die Felder ihrer Eltern aufgegeben haben. Das schon. Das hat mir richtig zugesetzt, schon wegen der Einsamkeit. Aber die Anlage – oder irgendetwas anderes in dieser Richtung – hat mein Leben kein bisschen verändert. Viele meiner Besucher meinen, ich hätte mehr Geld, wenn ich im Werk arbeiten würde. Aber ich habe meinem Vater nun einmal versprochen, in seine Fußstapfen zu treten, seine Hände durch meine zu ersetzen. Und daran habe ich mich gehalten. Das hat mit Politik gar nichts zu tun. Es war ein Versprechen: Ich habe den Hof übernommen.

Immer wieder heißt es, wenn ich Kinder gehabt hätte, hätte ich mein Versprechen nicht halten können. Ich hätte meine Felder mit irgendeinem Düngerdreck verschandeln und Schulden machen müssen. Und irgendwann hätte ich doch zum Arbeiten ins Werk gemusst.

Das leuchtet mir nicht ein. Wir haben zu sechst von den Erträgen des Hofes gelebt, mein kleiner Bruder, meine Schwestern, meine Mutter und meine Tante. Und wir konnten noch etwas zur Seite legen. Ein Kind, eine Familie hätte leicht von unserem Hof leben können.

Die meisten Bauern, die ins Werk gingen, haben ihren Hof behalten. Die Frauen kümmern sich um die Kühe, dann haben sie zwei Einkommen, das Einkommen aus der Milch und das aus der Arbeit, und das letztere ist, wie jedermann weiß, nicht gerade knapp bemessen. Und die Kinder gehen sogar ins Internat in Cherbourg, nicht auf unsere kleine Schule in Beaumont-Hague in dem Plattenbau aus der Nachkriegszeit. Einige Kinder haben eine tolle Ausbildung erhalten. Das Werk ist sozusagen die Milchkuh unseres Landstrichs. Wir, die Familie Bedel, brauchen nicht viel Geld zum Leben. Der kleine Bruder hat eine Ausbildung gemacht. Was ich damit sagen möchte, ist, dass jede Entscheidung in Ordnung ist. Jeder muss sich nach sich selbst richten. Eine Frau aus dem Ort, die auch immer nur Butter verkaufte, konnte ihren beiden Kindern schließlich einen Bauernhof schenken. Das ist doch der beste Beweis, dass man hier sein Auskommen hatte.

Das Land, auf dem das Werk steht, kann niemals wieder zum Anbau von Nahrungsmitteln genutzt werden, so viel ist sicher. Aber ich habe schon vor langer Zeit eingesehen, dass diese Energie uns viel unabhängiger macht, als dies zu Zeiten des Petroleums der Fall war. Ich kenne kaum Leute, die ohne Elektrizität und ohne Auto leben möchten. Auch ich habe schließlich einen Traktor! Und der hat mir einiges an Anstrengung erspart. Wichtig ist, sich von den materiellen Seiten des Lebens nicht unterjochen zu lassen, sondern das Materielle für die eigenen Zwecke zu nutzen.

Damit kein böses Blut entsteht, sollte man aufhören, uns einreden zu wollen, dass unser Leben hier nichts wert ist, weil wir unseren Lebensunterhalt zusammenkratzen, weil wir in La Hague wohnen und Dreck unter den Nägeln haben. Jeder Mensch hat sein Wissen. Das ist nicht nur den Leuten vorbehalten, die studieren. Außerdem, schicke doch mal einer einen Wissenschaftler aufs Feld zum Kartoffelklauben oder in den Stall zum Melken, dann ist sofort klar, was ich meine. Dann ist die Reihe zu erklären nämlich an dir, dem Bauern, und du machst dich auch nicht über den lustig, der das nicht kann, was du von der Pike auf gelernt hast.

Wir tun doch letztlich alle dasselbe: Wir kratzen auf dem Erdboden herum, die anderen auf dem Papier. Wir brauchen einander auf dieser Welt. Da ist eine gewisse Toleranz nötig. Schließlich ist für alle etwas da. Ich denke viel nach und habe meine Überzeugungen. Andererseits macht es mir nichts, wenn jemand anderer Ansicht ist als ich. Das ist doch gerade das Interessante, dass die Leute verschieden sind. Es ist spannend, Leute aus anderen Gegenden oder Schichten kennenzulernen. Ich verlange nur, dass man auf die Erde achtet, den Boden. Nicht um meinetwillen, denn ich bin bald tot (nehme ich an), aber um der Kinder willen, die geboren werden. Sie sollen auch noch die Möglichkeit haben, gesund zu essen, ohne dass alles verschmutzt ist oder radioaktiv.

Das eigentliche Problem ist ja nicht, ob man für oder gegen Kernkraft ist, sondern es geht darum, dass manche Wissenschaftler ihr Wissen für sich behalten, als seien sie Gott persönlich. Das macht mir Angst. Diese Leute sehen immer nur vorwärts, nie zurück, und wissen nicht zu würdigen, was sie von ihren Vorfahren gelernt haben.

Nach dem Besuch der Wiederaufbereitungsanlage war ich zufrieden, dass ich mir diese Mühe gemacht habe. Natürlich sehe ich auch die kritischen Punkte: die Landschaft wird verschandelt, es kann Unfälle geben. Andererseits hätten wir diese Probleme vermutlich sowieso, denn die Heide ist seit jeher verflucht. Wir Alten wissen das noch.

Ich bin gegen die Wiederaufbereitungsanlage, deren Nachbar ich bin. Ich habe mich nur mit ihr arrangiert. Das sind vollkommen unterschiedliche Welten, aber es kann funktionieren, wie man sieht. Doch man darf nicht vergessen, dass ich vor ihr da war. Sie ist nach mir gekommen, und ich bin geblieben. Sie hat mich und mein Leben nicht verändert. Das wird nie geschehen.

Aber natürlich verdient man leichtes Geld, wenn man dort arbeitet. Und dann hast du noch das Geld, das dein Hof abwirft. Das sind zwei verschiedene Formen von Geld, und trotzdem ernähren wir uns von beidem.

Die Rente

Vor der Rente tat einem immer alles weh. Man legte sich abends nieder und am Morgen wachte man auf und der Körper verfiel wieder in den alten Trott. Wenn man aufhört, Bauer zu sein, hat man zum ersten Mal große Ferien. Es gibt zwar noch das ein oder andere zu tun, aber man verliert den Rhythmus. Und dann spürt man die Erde auf der Schaufel umso stärker. Sie misst dir die Zeit ab und sagt dir Dinge, die du nicht unbedingt hören magst: Zum Beispiel, dass irgendwann ein anderer auf dem Feld Kartoffeln klauben wird, aber die Kartoffeln, das bist dann du!

Aber du stichst weiter um, auch wenn der Spaten in der Hand immer schwerer wird. Denn schließlich bist du es, der die Erde bewegt, nicht umgekehrt. Wenn du aufhörst, wird dir erst klar, wie sehr deine Arbeit dein Leben war, wie sie deine Tage und Nächte geprägt hat, Stunde um Stunde. Du hast ihr ganz gehört. Und das Schlimme ist, dass ich zufrieden war und es heute noch bin. Die Schwestern auch. Das Leben, das wir führten, hat ihnen gefallen.

Ich hoffe, dass sie auch mal die landwirtschaftliche Verdienstmedaille bekommen. Sie haben sie genauso verdient wie ich.

Ich habe sie verliehen bekommen und sie den beiden gewidmet.

Allerdings musste ich wieder allerlei Papierkram auf

mich nehmen, damit ich sie in Empfang nehmen konnte. Den damit befassten Bürohengsten sei hiermit herzlich gedankt! Ich hatte keine Lust, in Rente zu gehen. Ich habe nicht einmal daran gedacht. Zwar habe ich sie schon vor Jahren beantragt, aber ich lange immer noch hin, wo eine helfende Hand gebraucht wird. Offiziell gehört das Ganze nun seit fünfzehn Jahren den Schwestern. Das ruhige Leben interessiert mich nicht, es zieht mich nicht an. Ich brauche das nicht, noch nicht. Das ist keine Frage des Geldes. Selbst wenn man mir mehr angeboten hätte, damit ich aufhöre, hätte das nichts an meiner Haltung geändert. Ich mag meine Arbeit so sehr. Wenn man sieht, »wie der Salat wächst und alles andere, was man isst«, wie Françoise sagt, ist das mit Geld nicht aufzuwiegen. Aufhören, um »meine Ruhe zu haben«? Wozu brauche ich denn Ruhe?

Ich habe nicht ans Rentenalter gedacht, gekommen ist es trotzdem. Man denkt nicht ans Altern, aber alt wird man doch. Ich dachte nicht, dass meine Freunde und die Menschen, die ich liebte, je sterben würden und es ist trotzdem so gekommen. Ich muss meine Fensterläden erst noch erneuern. Das Holz habe ich schon in meiner Werkstatt. Dafür braucht man nämlich Zeit und Stille. Wenn du damit anfängst, vergeht dir der Hunger. Du wirst nicht müde, nichts tut dir weh. Du machst schön gemächlich deinen Fensterladen oder dein Gatter. Holz redet nicht, aber es beruhigt einen.

Früher kam der Schreiner mit seinem Handwagen und brachte den Sarg. Dazu musste er durchs ganze Dorf, und man sah ihm nach, weil man wissen wollte, wer gestorben war.

Wenn ich in meiner Schreinerei arbeite, muss ich unwillkürlich schmunzeln. Meine vier Bretter sind es noch nicht, die ich da zurechthoble, aber das kommt auch noch. Schließlich will ich Geld sparen. Wie viele Leute haben sich schon ihren Sarg zurechtgezimmert, wenn die Zeit gekommen war? Gar nicht so wenige, würde ich meinen. Es gab sogar welche, die sich während der Bombardements im Krieg darin versteckten! Nun, das kommt auch noch. Ich werde am Ufer nach Holz suchen. Das kostet nichts außer ein paar Schweißtropfen, denn natürlich muss man es heraufbringen. Ich tue das schon aus Leidenschaft. Holz kann man nie genug haben, und so bringe ich alle möglichen angeschwemmten Stücke hierher. Manchmal habe ich meinen Schatz sogar auf der Heide versteckt, um keinen Ärger mit der »Obrigkeit« zu haben, denn die Kontrollen waren recht streng. Ob es nun unter den Farnbüschen auf der Heide trocknete oder in meinem Garten, war ja egal. Die Schiffe fangen an zu schlingern, sobald sie über den Raz müssen. Dann kappen die Matrosen die Leinen und opfern einen Teil der Ladung, damit das Schiff sich wieder aufrichtet. Ich habe das mehr als einmal beobachtet. Das Schiff fährt weiter, und ich weiß schon, wo ich am nächsten Tag suchen muss, um das über Bord geworfene Holz zu bergen.

Im Juli habe ich meine Handwasserpumpe auf dem Hof repariert. An mir ist ein Herzspezialist verloren gegangen, sage ich euch. Ich habe sie abmontiert und werde ihr eine Ledermanschette verpassen. Das Leder schneide ich von der Anhängerkupplung ab. Meine Adern sind verstopft, für die Pumpe gilt dasselbe. Die Ventile funktionieren nicht mehr richtig. Das Kopfteil habe ich schon auf der Hobelbank, den Kolben auch. Ich hatte ihn schon mal repariert, und einen Kolben aus Hartholz eingesetzt. Offensichtlich muss ich etwas anderes finden.

Guste macht sich Sorgen, schließlich ist die Pumpe etwa so alt wie wir. Er hofft, dass sie noch durchhält. Das Kopfteil hatte anfangs eine lange Spitze wie diese Pickelhaube der Deutschen. Und tatsächlich haben die Deutschen sie während des Krieges abgebrochen, als sie einen großen Wassertank anbrachten. Wir haben die Spitze nicht mehr gefunden. Diesen Sommer habe ich diese Spitze, die vor fünfundsechzig Jahren abgebrochen ist, im Hof wiedergefunden. Das ist ein Zeichen. Unsere Pumpe wird durchhalten. Wenn sie die Deutschen überstanden hat, wird sie auch den Alltag überstehen. Ich dachte nie, dass ich und die Pumpe so alt werden würden. Aber das Korn muss auch absterben, damit es neue Frucht tragen kann. Wenn ich gestorben bin, heißt es dann:»Das war sein Leben.« Der eine wird sagen, ich hab's gut gemacht, der nächste ist anderer Meinung.

Rechtschaffene Leute

Im September bin ich bei Ebbe an den Strand, wie ich es seit Jahrzehnten mache. Ich kletterte auf den Felsen herum und wartete, dass meine Reuse aus dem Wasser auftauchte. Im Winter stelle ich zwischen zwei großen Steinen eine Reuse auf. Damit sie dort auch richtig hält, mache ich sie mit Tauen an den Steinen fest. Nach der Flut leere ich sie dann. Ich hatte zwei Taschenkrebse von zwei oder drei Zentimetern eingesammelt und drei Wollkrabben, stand mit dem Rücken zum Meer und wartete darauf, dass die Reuse weit genug aus dem Wasser käme. Dabei drehte ich den einen oder anderen Stein um, um Meeresgetier zu suchen. Auf einmal höre ich hinter mir eine Stimme:

»Amt für Fischereiwesen. Lassen Sie doch mal sehen, was Sie da in Ihrem Korb haben, Monsieur.«

Ich drehe mich um, mein erstaunter Blick fällt auf zwei junge Burschen.

»Das hat mir ja gerade noch gefehlt! Was fällt euch denn ein? Außerdem ist das kein Korb, sondern eine Kiepe!«

»Und diese kleinen Krebse wollen Sie wohl essen?«

»Nein, aber ich werde wohl kaum vierzehn Zentimeter große Krebse an meine zwei Zentimeter langen Haken an der Leine hängen. So weit bringt kein Fisch das Maul auf.«

»Ihre Krebse sind zu klein.«

Ich wollte ihnen nicht sagen, dass ich die nur mitgenommen hatte, um sie als Köder in die Reuse zu legen. Glücklicherweise hatte ich in meiner Kiepe wie immer drei Angelhaken liegen.

»Heute lassen wir's noch durchgehen, aber beim nächsten Mal gibt es eine Strafe. Es ist verboten, so kleine Krebse einzufangen. Ich hoffe, Sie sind sich dessen bewusst?«

»Na, dann werde ich wohl in Zukunft ständig eins aufgebrummt bekommen. Dann komme ich lieber nicht mehr. Dabei sind es ja wohl kaum wir kleinen Leute, die die Meeresfauna kaputt machen. Und was ist mit den Sagankrabben?«

»Nichts, wenn Sie damit die Wollkrabben meinen. Für die gibt es keine vorgeschriebene Größe.«

In diesem Augenblick dachte ich, dass heutzutage, bei all dem Geld, das herumschwirrt, nichts mehr umsonst ist. Das ist nur so ein Gedanke, aber wenn man heute die Geldstücke so anschaut, findet man was nicht mehr drauf? Die jungen Leute erinnern sich nicht mehr daran, aber als wir als Kinder Taschengeld bekamen, da stand auf den Münzen: »Freiheit, Gleichheit, Brüderlichkeit«, die Grundsätze der Französischen Revolution.

Das ist nun vorbei. Das haben wir mit Europa verloren. Ich meine nicht das Europa des Friedens, da stehe ich voll dahinter, nicht aber hinter dem der Gesetze und des Papierkrams.

Ich versuchte, Zeit zu schinden, denn der andere kam meiner Reuse allmählich gefährlich nahe:

»Ich habe aber gelesen, dass sie mindestens sechseinhalb Zentimeter groß sein müssen.«

»Nein, da gibt es keine Mindestgröße.«

Also drehte ich meine Kiepe um und entließ die Tiere

wieder ins Wasser. In der Annahme, dass es damit erledigt sei, sagte ich:

»Nun, wenn dem so ist, werde ich meinen Fang halt wieder hergeben.«

Nur hatte der Fischerei-Kontrolleur, der bis jetzt noch kein Wort gesagt hatte, mittlerweile meine Reuse gefunden und zog sie aus ihrem Loch hervor. Er musste sich anstrengen und zog wie ein Esel. Da ist mir das Witzereißen vergangen, denn wahrscheinlich würde die Bescherung in Form einer Geldstrafe nicht auf sich warten lassen. Er kappte die Seile und zog die Reuse heraus. Ich vermied es hinzusehen. Er versuchte, die Wollkrabben aus dem Innern der Reuse zu befreien, doch diese klammerten sich ans Gitter. Da verlor er die Geduld, drehte die Reuse um, sodass die Öffnung nach unten zeigte, und fing an zu schütteln. Er wurde puterrot im Gesicht. Da konnte ich nicht anders, ich musste den Mund aufmachen:

»Die Sagans holt man nicht mit dem Arsch voran heraus, sondern mit dem Maul.«

Er hörte nicht zu, sondern schnitt die Reuse der Länge nach auf. Dabei hatte ich das gute Stück selbst gemacht, aber was soll's. Ich habe keine Fischereierlaubnis, also wird mich diese Geschichte eine Stange Geld kosten. Die Erlaubnis muss jährlich zwischen dem 1. und dem 31. Oktober unter Angabe der Bootsnummer beantragt werden. Dann versuch mal, denen zu erklären, dass du deine Reuse ohne Boot aufstellst, und das seit siebzig Jahren! Als der junge Mann sein Zerstörungswerk vollendet hatte, rief er seinen Kollegen:

»Das rechnen wir als Treibgut.«

Letztlich glaubten sie nicht, dass die Reuse mir gehörte, denn der andere, der schon seinen Block gezückt hatte, um mir eine Strafe zu verpassen, steckte diesen wieder weg. Trotzdem war ich ein wenig geknickt. Ich hätte gerne meine Reuse gerettet. Ich hörte, wie die beiden sich unterhielten:

»Dann kontrollieren wir den zweiten.«

Ich dachte, dass sie wohl noch einen weiteren Fischer kontrollieren wollten. Da ich ein wenig zur Auflockerung der Stimmung beitragen wollte, schnappte ich mir eine fette Napfschnecke (von der gelben Sorte, die man nicht isst), hielt sie hoch und fragte:

»Und die da, ist die groß genug?«

»Für Napfschnecken gibt es keine Mindestgröße.«

Wie auch immer. Ich jedenfalls komme seit siebzig Jahren zum Fischen her, aber so etwas Dämliches habe ich wirklich noch nie erlebt!

Sie drehten mir den Rücken zu, und ich ließ meine Reuse sausen. Ich bin heim zu meinen Kartoffeln und war stinksauer. Irgendjemand musste mich verpfiffen haben, denn dort, wo ich hingehe, kann man mich von der Küste aus nicht sehen. Außerdem wollten die beiden nicht mal meinen Namen wissen. Ich habe natürlich auch nicht nach ihrem gefragt!

Am nächsten Tag war die Reuse natürlich ins Meer hinausgeschwemmt worden. Das stört sie nicht, dass man damit das Meer verdreckt! Sie hätten das Ding schließlich auch einsammeln und abtransportieren können. Offensichtlich haben sie davon einen ganzen Lagerraum voll. Daher lassen sie sie neuerdings auch an Ort und Stelle, nachdem sie sie unbrauchbar gemacht haben. Diese gewissenhaften Leute (Meerespolizei, sozusagen) haben einfach meine Reuse kaputt gemacht, als wäre ich ein gemeiner Verbrecher.

Es ist schon allerhand, dass man einem einfachen

Mann wie mir das Fußfischen verbietet, was man hier ja schon seit Jahrhunderten betreibt. Aber dann auch noch vor seinen Augen seinen Besitz zu zerstören! Darüber hätte ich mich auch aufgeregt, wenn es ein Freund getan hätte, aber noch dazu wildfremde Menschen. Das ist beschämend, ja beschämend, denn es gibt wirklich weit schlimmere Verbrechen. Schon wieder eine kleine Freiheit verloren. Für die Kleinen wie unsereinen bleibt bald gar nichts mehr übrig. Ich weiß nicht, ob diese jungen Burschen sich überhaupt im Klaren waren, was das für eine Beleidigung bedeutete für ein altes Fossil wie mich. Dieses »Abenteuer« hat bei mir einen bitteren Nachgeschmack hinterlassen. Und Euromünzen kann ich mittlerweile nicht mehr sehen.

Alle Welt weiß doch, weshalb die Tierwelt hier aus dem Gleichgewicht geraten ist: Das hat nichts mit der Klimaerwärmung zu tun. Das liegt daran, dass die großen Schiffe, die Monstertanker und Containerschiffe, uns hier den Graben verdreckt haben, in dem die Fische sich früher vermehrt haben. Von der Chemiesauce, die vor Jahren in den Casquets-Graben geflossen ist, mal ganz zu schweigen. Das hat man noch monatelang gerochen.

Irgendwann werden wir unseren Arsch nicht mal mehr auf einem winzigen Stück Felsen ausruhen können, ohne überwacht zu werden.

Ich habe keine Reusen mehr. Das war meine letzte, und ich habe keine Lust, mir eine neue zu machen und sie auszulegen. Ich werde mir keine Fischereierlaubnis ausstellen lassen, niemals. Außerdem hat man mir gesagt, dass sie schwer zu bekommen sei. Dafür braucht man Beziehungen, wie für alles. Es geht niemanden etwas an, wo ich bin und wer ich bin, wenn ich zu Fuß fischen gehe. Dort habe ich in der Unendlichkeit der Landschaft siebzig Jahre lang Unabhängigkeit und Einsamkeit genossen. Ich empfinde die Sache mit der Erlaubnis als Angriff, als mangelndes Verständnis für unsere Lebensweise. Wenn ich das jetzt aufschreibe und später liest es jemand, wird es heißen:

»Ah, dem heizen wir ein. Das nächste Mal kommt er in den Bau.«

Nur habe ich trotzdem diesen Küstenstrich durchkämmt. Monate vergingen, und siehe da, im Dezember, drei Monate nach dem von den »Meerespolizisten« verübten Verbrechen, habe ich meine Reuse wiedergefunden. Fünfhundert Meter weiter.

Jetzt muss ich mich entscheiden: Stelle ich sie wieder auf oder nicht?

Komm schon, Paul! Das lässt du besser bleiben. Verroll dich schon zu deinen Ahnen. Für dich gibt es in Goury keinen Platz mehr.

Doing!

In meinem Alter hat man vor nichts mehr Angst. Das irdische Leben ist einfach anstrengend, am Ende liegt alles Leben in Gott. Wenn ich von heute auf morgen sterbe, erspart das allen möglichen Stellen einen Haufen Geld, vor allem der Sozialversicherung. Am Tag meiner Beerdigung möchte ich niemandem zur Last fallen. Ich möchte einfach so sterben, doing! Mit dem Klang eines Gatters, das der Wind zuwirft. Ein letztes Klirren, wie eine Stallkette, die zu Boden fällt.

Wenn man hier in der Gegend jemanden für einen alten Esel hält, so sagt man bei seinem Tod, er sei »fällig« gewesen. Bei anderen heißt es: »Das war wirklich eine gute Haut, aber das gilt ja nicht nur für ihn.« Bei mir wird das nicht anders sein, da mache ich mir gar keine Illusionen. Für die einen ist man »ein alter Esel«, für die anderen »eine gute Haut«.

Andererseits bin ich ganz dem Leben zugewandt. In gewisser Weise existiert der Tod für mich nicht. Ich weiß, was mich erwartet. Plötzlich ertappe ich mich dabei, wie ich davon träume, diesen schmerzhaften Augenblick nicht kennenlernen zu müssen, der ebenso hart ist für den, der geht, wie für den, der bleibt. Natürlich muss man eines Tages gehen, aber ich mache mir Sorgen um meine Schwestern. Am Ende sind wir doch allein. Wir müssen uns um uns selbst kümmern, uns selbst der Leuchtturm sein.

Ich sehe das Leben nicht mehr so wie vor zwanzig Jahren. Damals hatte ich ja noch Zeit, wenn man von den Altersangaben in den Todesanzeigen ausgeht. Damals traute ich mich noch zu sagen:»Na, es war halt einfach Zeit für ihn.« Wenn ich heute Todesanzeigen lese und sehe, wie alt die Leute waren, steht da oft mein Alter. Irgendwann in nächster Zeit werde ich das Programm für meine Totenmesse zusammenstellen. Das wird schwierig für die Gemeinde. Sie brauchen für mich einen Nachfolger, schließlich mache ich seit Jahrzehnten bei Beerdigungen den Mesner.

Ich bin hier nur auf der Durchreise. Früher oder später bin ich nicht mehr da, gehe nicht mehr ans Telefon und jemand anderer wird statt meiner die Glocken läuten. Bis dahin aber sage ich, wenn man mich aufs Sterben anspricht:

»Ich habe einfach keine Zeit, woanders hinzugehen. Ich habe so viel zu tun, dass ich gar nicht sterben kann.«

Außerdem werden die Glocken von Auderville derzeit ausgebessert. Es wird Monate dauern, bevor man sie wieder läuten kann. Ein Grund mehr, Paul, nicht zu sterben! Zu meiner Hochzeit, da müsste ich schon richtig Schwein haben, und zur Beerdigung, wenn ich weniger Glück habe. Ich bin jetzt seit fünfundsechzig Jahren Mesner in Auderville. Es wird Zeit, dass ich mich nach einem Nachfolger umsehe.

Was die Ehe angeht, so war unter den Tausenden Briefen, die ich erhalten habe, auch ein Heiratsantrag. Die Dame war sechsundneunzig. Verglichen mit ihr bin ich noch ein Jüngling.

Das Leben offenbart uns nicht alle Geheimnisse. Wenn es für dich an der Zeit ist, dann merkst du es in dem Moment. Für mich ist das, wie für jeden Christenmenschen, ein Geheimnis. Wenn du jung bist und im Krieg, kannst du jeden Augenblick draufgehen. Du hörst die Bomben einschlagen, aber du denkst nicht einen Moment ans Sterben. Du klammerst dich einfach noch nicht so ans Leben. Du wirst von anderen Soldaten gejagt. Der Krieg zerstört alles, jedes Gefühl für Menschlichkeit. Sie nehmen dir dein Land weg und stellen dort ihre Tötungsmaschinen auf. Während des Krieges weißt du, dass der Tod dich treffen kann, aber du kannst damit leben. Einen Sinn gibst du deinem Leben erst später. Lange Zeit habe ich geglaubt, dass mein Leben nutzlos wäre. Viele Leute halten mich sowieso für einen Einfaltspinsel, weil ich nicht jeden vermeintlichen Fortschritt mitgemacht habe. Zumindest hatte ich manchmal den Eindruck. Aber ich habe nicht nachgegeben. Ich wollte keinen Kunstdünger auf meinen Feldern.

Hin und wieder sagte ich mir, dass der Tod ohnehin kommen wird und mein Leben vielleicht schon einen Sinn hat, aber dass dieser im Leben danach liegt. Ich war glücklich mit meiner Familie und meinen Schwestern, wirklich sehr glücklich. Das würde mir niemand nehmen können. Auf den Traktor klettern, den Möwen zuhören, auch beten. Mich von guten Sachen ernähren, da oder dort Leute treffen. Diese kleinen Glücksmomente mögen belanglos erscheinen, aber wenn man in der Werkstatt nützliche Dinge macht und das Holz riecht oder draußen beim Säen ist, dann zieht man daraus seine Befriedigung, eine tiefe Befriedigung. Du tauchst richtig ein. Das ist unendlich schön.

Trotzdem frage ich mich natürlich, warum wir sterben müssen. Es wäre doch schön, wenn man einfach nur leben könnte!

Das hat Gott extra so eingerichtet, sonst würden wir

ja nicht sterben. Andererseits heißt Gott zu lieben, zu wissen, dass es außer dem blauen Himmel noch etwas gibt. Nicht, dass man sterben möchte, da wäre man ja blöd. Und bliebe ganz dem irdischen Leben verhaftet. Mit Gott zu leben heißt vielmehr, dass wir hier auf der Erde unser Rüstzeug zusammenpacken. Du bist gastfreundlich, bist nett zu der alten Dame, obwohl du jung bist und andere Dinge im Kopf hast. Du bist anderen behilflich und denkst dabei auch an dich, aber nicht nur. Du gedenkst der anderen Menschen in deinen Gebeten oder in deinem Tun. Wenn du nur einen Funken Verstand mitbekommen hast, kannst du wählen zwischen Gut und Böse. Das gilt für alle gleichermaßen.

Dann leidest du auch weniger, denn leiden ist nicht schön. Allerdings gibt es zwei Formen des Leids. Gegen das Leiden an einer Krankheit kannst du ankämpfen. Aber gegen Kriege kann man nichts machen. Ein einziger Mann kann in dir den Glauben an das Gute im Menschen zerstören. Und dieser Mann hat dann vielleicht auch noch Kinder und gibt das Unglück und die Grausamkeit weiter.

Gegen Barbaren kann man nichts ausrichten. Das kann man auch nicht mit Tieren vergleichen, denn die töten, um zu fressen oder weil sie sich verteidigen müssen, zum Beispiel wenn man ihnen die Jungen wegnehmen will. Aber solchen Leuten gegenüber fühle ich mich hilflos wie ein Kind. Wie im Krieg, als ich mich bei jedem Bombardement fragte: Warum nur? Wozu soll das gut sein?

Aus der Einfachheit eines gelungenen Lebens heraus kann man kämpfen. Aber natürlich muss man die Möglichkeit gehabt haben, sich sein Leben auszusuchen, wie es bei mir der Fall war. Nun werden einige Leute sagen, ich hätte mir mein Leben ja gar nicht ausgesucht, sondern mein Schicksal angenommen und mein Privatleben geopfert, um die Tradition fortzusetzen. Aber ich bin frei. Und das ist nicht wenig. Gerade wenn man eine Besatzungszeit erleben und den Kopf einziehen musste. Und unsere Väter konnten nichts dagegen tun.

Wenn du dein Haupt wieder ganz unbefangen erheben kannst, gehst du stolz über deinen Grund und durchstreifst die Landschaft. Und doch merkst du gar nicht, wie schön sie ist. Ich erkenne erst jetzt, wie schön es hier ist und wie sehr mir La Hague fehlt, wenn ich nicht hier bin. Diese Landschaft ist mir eingewachsen, woanders kann ich einfach nicht richtig atmen.

Ob das ist wie bei Gott und mir, Gott und seinen Sündern?

Wenn ich mein Dorf verlasse, fehlt mir die Luft zum Atmen. Und der Raz Blanchard, den ich plötzlich nicht mehr rauschen höre. In dieser Hinsicht geht es mir wie meiner Mutter, wenn sie ihre alte Uhr nicht hören konnte. Was schön ist, ist letztlich auch einfach, sehr einfach. Nichts extra. Es ist, wie es ist. Oder es wurde auf einfache Weise geschaffen, entstand aus einer Eingebung heraus. Geschichte, das ist für mich die Geschichte meiner Familie, meines Traktors, meiner Felder, meiner sorgfältig über Jahrzehnte handverlesenen Getreidesorten, die ich geerbt habe.

Das ist nicht viel, aber trotzdem fühle ich mich damit reich. Robustes Getreide, das keine Sonderbehandlung braucht, um hier zu wachsen. Das mich nicht vergiftet, wenn es von der Henne gefressen und in ein Ei verwandelt wird, das morgens auf meinem Tisch steht. Das Ei, das ich jeden Morgen mit ein bisschen Brot esse, das ist mein ganzes Bauernleben.

Keine Zeit zum Sterben

Ich habe vieles Unnütze aus meinem Leben verbannt,
da kam Gott näher, um zu sehen, was da vor sich ging.

Christian Bobin

Ich bin nicht lange zur Schule gegangen. Meine Schwester Françoise sagt sehr schön, was die Schule für uns bedeutete:»Die Schule hat einen nur daran gehindert, in der Natur zu sein.« Vor allem bei Springflut hätten wir am liebsten ganze Tage draußen zugebracht. Ich habe dort nichts gelernt. Alles, was ich weiß, habe ich selbst entdeckt oder von meinen Vorfahren vermittelt bekommen, auch wenn sie schon lange tot sind.

Natürlich war es früher nicht besser, aber ich könnte nicht so arbeiten, wie das heute üblich ist. Die Leute haben sich immer mehr von der Erde entfernt. Wenn man eine Handvoll Erde aufnimmt, spürt man, dass der Boden lebt. Dies ist unsere Grundlage, die wir nicht zerstören dürfen. Das hat nichts mit Nostalgie und Rückwärtsgewandtheit zu tun. Die Arbeit war früher auch nicht härter. Damals war man längst nicht so verrückt wie heute, mit dem ganzen Papierkram und so. Der Körper hat gearbeitet und die Zeit hat den Takt vorgegeben. Das musste man nehmen, wie es war. Es gab ja keinen Termin oder so etwas. Das ist heute anders. Ich hatte zweiundsiebzig Felder und Wiesen im Dorf und der Umgegend! Aber für mich war das alles eins. Wir folgten der Furche, und die hing von der Bodenbeschaffenheit ab. Die jungen Bauern von heute haben keine Freiheit mehr, die sind so richtig eingekesselt zwischen Papierkram und EU-Zuschüssen. Früher hatte man noch Zeit zum Staunen. Man jätete auf Knien das Rübenfeld und sah, ob die Triebe welk waren und sie am nächsten Tag Wasser brauchen würden. Heute bewässert man sie mechanisch und Schluss! Man kommt heim, hat seine Arbeit getan, aber gesehen hat man nichts, weil man das gar nicht gelernt hat.

Ich statte meinen Pflanzen immer noch Besuche ab. Ich mag es, da und dort zu sein und mit den Kindern über das Leben zu reden.

Ich habe eigentlich keine Zeit zu sterben. Ich will dem ja nicht aus dem Weg gehen, das ist ohnehin unmöglich. Es ist eine Tatsache, dass ich irgendwann nicht mehr da sein werde, um zu erzählen, wie die Bauern früher lebten und arbeiteten. Andere, meine Besucher, werden dieses Wissen weitertragen.

Sie werden versuchen, ein wenig von Paul Bedel in ihr Leben einzubauen.

Meine Vorstellungen zu meiner Beerdigung sind recht einfach. Ein paar Lobgesänge, ein Priester, wenn es geht. Aber es muss nicht extra einer anreisen. Es ist nicht schlimm, wenn es hier keinen festen Priester mehr gibt. Da muss man mit der Zeit gehen. Wenn ein einfacher Glaubensbruder für mich das letzte Gebet spricht, so soll mir das auch recht sein. Ich verlange nicht viel, aber ich möchte nicht, dass man meinen Leichnam einfach irgendwo entsorgt wie einen toten Hund. Und verbrannt werden will ich auch nicht. Die Hitze war mir noch nie besonders sympathisch. Wenn man in meinem Garten ein Loch schaufeln und mich dort begraben würde, wäre ich der glücklichste Mensch.

Schön wäre natürlich, wenn man mich mit meinem Traktor begraben würde. Dann könnten wir uns gemeinsam auf den Weg machen.

Ich möchte ein Kreuz auf der Grabstelle haben, ein kleines, weißes Holzkreuz, das ich selbst gefertigt habe. Und zwar nicht, weil alle es so machen, sondern weil ich mein Leben lang mein Kreuz getragen habe, ohne zu klagen.

Ich habe mir ein hartes Leben ausgesucht, keines zum Faulenzen.

Dieses Kreuz habe ich mit ihm getragen, ihm, der mich seit meiner Geburt begleitet, seit meiner Kommunion, meiner ersten Begegnung mit ihm. Wer mich einst in die Erde bettet, tut das nicht aus Achtung vor mir. Ich bin nichts. Er tut das aus Achtung vor dem, der in mir wohnt. Ich möchte auch, dass man für all jene betet, die keinen Glauben haben, denn sie brauchen unsere Hilfe mehr als alle anderen. Bei nicht-kirchlichen Begräbnissen konnte ich wahrnehmen, dass die Angehörigen einen inneren Schmerz mit sich herumtragen. Sie haben keinen Ort, an den sie mit ihrer Trauer gehen können. Sie müssen sie für sich behalten. Und dürfen dem lieben Gott deshalb nicht mal böse sein.

Auf jeden Fall treten wir nackt ins Leben und verabschieden uns genauso. Man hat mehr als einmal versucht, mir das Fell abzuziehen, aber erwischt hat man es nicht. Es nützt ja nicht viel, sich mit Reichtümern zu schmücken, aber jeder tut, was er kann, damit die Hoffnung ihn nicht verlässt. Aber mir schien es immer wichtiger, etwas für die Erde zu tun und für meine Mitmenschen.

Wenn jemand zu meiner Totenmesse kommt, dann soll er nicht anfangen, die Kränze zu zählen, um daraus zu schließen, ob ich geschätzt wurde oder nicht. Er soll auch nicht für mich beten, sondern für sich selbst, für sich ganz allein. Ich werde noch ein wenig da sein, um diese Gebete zu hören und sie mit mir zu nehmen. Und ich möchte auch nicht, dass jemand kommt, nur damit er sich hinterher beim Totenschmaus gütlich tun kann oder damit er gesehen wird. Ich hätte gern Blumen auf dem Altar, um meinen alten Weggenossen, unser aller Gott, zu ehren. Und Maria, unser aller Mutter. Andere Blumen will ich nicht, auch keine Porzellanplakette auf dem Kreuz. Keinen Grabstein, der dann auf meinen Rücken drückt. Ich habe genug getragen in meinem Leben. Und ich möchte, dass die, die mich überleben, ein wenig Geld übrig behalten, vor allem meine Schwestern. Ein paar Kieselsteine und Blumentöpfe, das muss reichen.

Vor allem will ich nichts davon hören, dass ich die landwirtschaftliche Verdienstmedaille bekommen habe oder bei Nicolas [Sarkozy] eingeladen war. Natürlich war an diesem Tag alles frei, aber bezahlt haben das die Steuerzahler! Ich will mich jedenfalls nicht beklagen.

Meine Nachfahren sind die Leute, die sich bei mir bedanken. Das ist eine tiefe Befriedigung für mich, auch wenn es mich nicht stolz macht. Manche kommen auch, um zu sehen, ob ich meinen Schwestern vom Fischen wirklich Schnecken mitbringe oder ob ich ein Haustyrann bin, aber darüber müssen wir zu Hause eher lachen. Das nehmen wir nicht krumm. In einer Familie teilt man eben alles miteinander, auch die Sorgen. Der Hummer, das versichere ich hiermit, wird jedenfalls redlich geteilt. Und wenn Paul nicht richtig aufräumt oder die Serviette nicht ordentlich faltet, wird er von den Frauen ausgeschimpft wie überall.

Den Stolz nimmst du mit dir ins Grab, die Zufriedenheit aber begleitet dich im Leben überallhin. Meiner

Ansicht nach streben wir Menschen nicht nach Glück, sondern nach Wahrheit. Es geht nicht um Glauben. Was wir suchen, ist die Sicherheit, dass hinter dem Ganzen irgendetwas steckt. Die Wahrheit ist es, die uns beschäftigt. Das ist wie mit der Eifersucht, man denkt an nichts anderes als daran, die Wahrheit herauszufinden. Dass ich Mesner bin, hilft mir bei der Arbeit. Ich ziehe eine lange Furche und im Lärm des Traktors hebe ich die Augen zu ihm, der über mir wohnt, den ich nicht sehe, auch wenn ich ihn in der Natur spüre. Ich komme immer wieder auf Gott zurück. Selbst beim Traktorfahren denke ich an die Menschen, die leiden. Nächstenliebe ist wichtig. Ich persönlich habe keine Feinde, aber trotzdem lebe ich allein mit meinen Schwestern. Ich habe all meine Vorhaben sausen lassen und aus Liebe den Hof meines Vaters übernommen. Ich habe mein eigenes Leben aufgegeben, um sein Erbe zu übernehmen und seine Arbeit fortzuführen. Vielleicht war es nicht das, was ich ursprünglich wollte, aber ganz sicher das, wofür ich mich entschieden habe.

Ich könnte noch von den Meeresvögeln erzählen, die sich der Kraft des Windes entgegenstemmen, die einfach vor dir in der Luft stehen bleiben, als wären sie auf Zelluloid gebannt, und warten, bis die Bö abflaut. Im Grunde muss man das selbst sehen. Wir haben hier Raben, die vom Wind so sehr zerzaust werden, dass ihre Flügel aussehen wie eine menschliche Hand.

Ich habe erzählt, wieso mich meine Art des Landbaus so glücklich macht. Natürlich kann man sagen, ich sei ein »altes Fossil«. Ich möchte auch nicht unbedingt andere Leute dazu ermutigen, hier zu leben. Ich würde mich nur freuen, wenn die jungen Leute hier weiter die Steine beackern. Meine Steine.

Wir haben schon unseren Dialekt verloren, die Sprache, in der sich unser Landstrich ausdrückte, unsere Ecke, ja unser Dorf, denn wir verwendeten hier Wörter, die schon im Nachbardorf nicht mehr verstanden wurden. Wir lebten für uns mit unseren Eigenarten, jeder in seiner Ecke, aber wenn wir uns trafen, dann war der Dialekt wichtig. Er zeigte, woher wir kamen, nämlich von hier, im Gegensatz zu denen, die von außerhalb kamen, zu den Politikern und den anderen Leuten, die uns mit ihren scheelen Blicken beleidigten, die wir den Umständen entsprechend hinnahmen oder auch nicht.

Paul hat sich in seinem Leben zurechtgefunden, ohne dass man ihm sagte, wie er was zu machen hatte. Aus diesem Grund weigere ich mich auch, anderen Menschen Lehren zu erteilen, weil ich es selbst nicht mochte, wenn man mich behandelte wie einen Zurückgebliebenen.

Man soll mir nicht vorwerfen können, dass ich von anderen verlange, alles genau so zu machen wie ich. Ich habe mein Leben so geführt, wie meine Vorstellung von Wahrheit und Freiheit es mir gebot. Ich habe lange Zeit nicht an mich geglaubt, doch seit einiger Zeit glaube ich an mich, und das verdanke ich Ihnen, liebe Leser und Zuschauer.

Ich bin seit jeher mit wenig zufrieden und ich brauche nichts von dem, was man kaufen kann oder was man so sieht. Ich bin glücklich mit dem Leben, das mir geschenkt wurde.

Pauls Sprüche

Was ich erlebt habe, passiert einem nur, wenn man am Leben ist.

Ich bin auf dem Bauernhof geboren worden, als Bauer.

Ich läutete die Glocken noch von Hand, da hieß es ordentlich ziehen.

Meine Sprinkleranlage und mein Unkrautvernichtungsmittel: der Hund der Nachbarin.

Besser ein lebender alter Gimpel als ein toter alter Gimpel.

Tränen weint man, wenn man etwas bereut oder sich schuldig fühlt.

Ich weiß nicht, ob es den Aufwand wert ist, so eine alte Karre wie mich, die bald aus dem Verkehr gezogen wird, noch einmal reparieren zu lassen.

Früher war ein Tag genau ein Tag, nicht mehr und nicht weniger.

Wenn du keine Zahnschmerzen mehr hast, bist du tot.

Das Jahr geht heute immer ein wenig nach.

Der Nebel verändert die Erde.

Der Wind, der für den Boden gut ist, ist nicht gut für das Meer.

Ich gehöre zu den Landfischern, nicht zu jenen, die gern auf Boote gehen.

Seespinnen schmecken stark nach Schlick, trotzdem ist ihr Fleisch sehr fein.

Ein Büschel Gras ist für mich wie ein Büschel Tang.
Ich spüre meine Steine.
Ein Hummer ist wirklich höflich. Er drückt dir sogar die Hand.
Ich ziehe männliche Hummer vor, sie haben größere Scheren, und die mag ich beim Hummer am liebsten.
Ich bin ein alter Bastler.
Bei uns isst man das Meer und die Erde gleichermaßen.
Über Geld redet man nicht gerne.
Der Leuchtturm von Goury blökt, wenn er nichts mehr sieht. Dann hat er sich verirrt.
Ich esse vom Fisch am liebsten die Augen.
Für einen Bauern ist Schnee eine zusätzliche Belastung.
Konservierungsmittel machen die Lebensmittel kaputt.
Wenn der Wind von Norden kommt, schließt er den Fischen das Maul. Dann beißen sie nicht.
Manchmal gehe ich auf dem Grund des Meeres vor Anker.
All das Geld, das heute so unterwegs ist, das ist doch nicht normal.
Nachts, wenn der Mond herauskommt, geht man quasi neben sich her.
Das Meer essen – das lernt man im Laufe eines Lebens.
Die Stille trägt immer die Freiheit in sich.
Bei mir zu Hause habe ich alles mit eigenen Händen gemacht.
Meine Milch schmeckte einfach am besten.
Am Geruch merkst du, ob der Mist gut ist. Du würdest ihn essen, wenn du könntest, und trotzdem wird ihn dir nie jemand klauen. Das ist praktisch!

Silomist entsteht, wenn die Tiere kein Gras zu fressen bekommen.

Ich nähere mich dem Verfallsdatum.

Man muss schon wissen, aus welchem Stoff man gemacht ist, um sich gut zu ernähren und die Erde richtig bearbeiten zu können.

Wenn wir mit dem Heu fertig sind, können wir die Hände in den Schoß legen.

Was andere schönes Wetter nennen, ist für einen Bauern schlechtes Wetter.

Meine Kühe sind hübsch, weil sie Blumen fressen.

Man weiß nicht, wie man selbst in Wirklichkeit ist.

Um jemanden auch nur ein bisschen kennenzulernen ist manchmal ein ganzes Leben nötig.

Hummer könnte ich jeden Tag essen. Wenn einer auf meinem Teller landet, dann bin ich nicht böse.

Du bearbeitest die Erde so, wie sie es braucht. Du richtest dich nach ihr. Das ist mit den Tieren genauso. Und mit deiner Frau beziehungsweise deinem Mann oder deinen Kindern. Wichtig ist vielleicht, dass du dich nicht zu sehr auf deine Vorstellung versteifst, sonst schwimmst du gegen den Strom und kommst nicht weiter.

Meine Nachfahren sind die Leute, die kommen und sich bei mir bedanken. Das ist eine tiefe Befriedigung für mich, auch wenn es mich nicht stolz macht.

Wenn jemand Dialekt mit dir spricht, bist du auf einmal wieder zu Hause.

Seit die Wiederaufbereitungsanlage steht, gibt es hier weniger Vögel. Das Licht in der Nacht macht sie verrückt und die Legehennen auch. Sie glauben dann, es ist Tag. Das Licht blendet nicht nur die Tiere, das kann einen kirre machen.

Als ich in Rente ging, dachte ich, mein Leben sei zu

gar nichts gut gewesen und dass niemand, wirklich niemand, sich mehr der natürlichen Anbauweise erinnern würde.

Die Natur weiß, wie sie alles zum Austreiben bringt. Sie schafft das schon alleine, wir sollten sie nicht drängen!

Wenn du auch nur eine Handvoll Erde zugrunde richtest, ist das wie eine Wunde. Klar verheilt das, aber es braucht Jahre, bis das wieder in Ordnung kommt.

Die kleinen Alten: Leute meines Alters.

Viele Menschen sagen mir, dass sie mich kennen, aber ich kenne keinen!

Große Ferien: die Rente.

Die Erde ruht schwer auf einem: altern, das kommt ganz plötzlich. Du bist nicht darauf gefasst, aber plötzlich spürst du deinen Körper, wenn du umgräbst. Und dann kommst du ins Grübeln.

Ich bin ein Aktiv-Rentner.

»Viehwagen«: sage ich zu Campingfahrzeugen.

Die Hände eines Bauern sind immer schmutzig.

Mit den einfachsten Dingen ist man am glücklichsten.

Ein Tag der Freude: wenn ich fischen gehe.

»Ich stehe nicht auf der Weide« heißt: »Ich bin nicht verheiratet«.

Wenn Paul Nein sagt, heißt das oft Ja.

Wenn Paul Ja sagt, heißt das noch lange nicht immer Ja.

Wenn etwas passiert, heißt das bloß, dass du am Leben bist.

Mittlerweile lese ich ganz gerne, ich höre nämlich nicht mehr gut.

Wenn du durchdrehst, findest du keine Worte mehr.

Wir Bauern denken zwar, aber wir denken nicht nach.

Nachdenken müssen die armen Schriftsteller, und dafür tun sie mir leid.

Ich beobachte nicht mehr so viel, seit ich nicht mehr hinter dem Arsch meiner Kühe hergehe.

Das ist ganz der Paul.

Ich mag offene Menschen.

Meine Butter kommt von meinem Gras, das nichts extra zu fressen kriegt.

Hühner sind auch nicht dümmer als Menschen.

Kutteln, das ist natürlich was anderes als Hummer! Der Fortschritt hatte mich immer im Schlepptau, und ich war ganz schön schwer.

Heute ist das Leben ganz schön anstrengend.

Wir streben nicht nach Glück, sondern nach Wahrheit. Es geht nicht um Glauben. Was wir suchen, ist die Sicherheit, dass hinter dem Ganzen irgendetwas steckt. Die Wahrheit ist es, die uns beschäftigt. Das ist wie mit der Eifersucht, man denkt an nichts anderes als daran, die Wahrheit herauszufinden.

Es war ein Leben voller Arbeit. Da hatte man keine Zeit, Blicke zu tauschen.

Ich bin seit jeher mit wenig zufrieden und ich brauche nichts von dem, was man kaufen kann oder was man so sieht. Ich bin glücklich mit dem Leben, das mir geschenkt wurde.

Wenn ich nachts schlafe, schließe ich die Ohren.

Eine Kuh zu ernähren darf doch nichts kosten.

Hier bei uns regnet es Meerwasser.

Ich komme immer wieder auf Gott zurück.

Nachdem ich den Leuchtturm von Goury besucht hatte, bekam ich ein Gefühl für die Erde.

Was 1914–18 in den Schützengräben passiert ist, hat man uns nicht erzählt. Aber irgendwie war es ein Aufschrei der Liebe. Und von Liebe oder Hass redete mein Vater nicht.

Ich habe mich abgeschirrt: Ich bin in Rente.

Ich wäre schon zufrieden, wenn die jungen Leute in unserer Gegend weiter die Steine beackern würden.

Ihr findet, ich bin ein Gimpel, ein armes Schwein? Na ja, damit habt ihr wohl recht.

Den Seespinnen saugt man bei Tisch die Füße aus. So vergeht die Zeit und das Gebiss wird auch gestärkt.

Das Auge für den Stein, das hast du oder du hast es nicht. Das kann man nicht in der Schule lernen. Das hast du im Blut. Du weißt genau, wenn du den Stein in der Hand hältst: Die Mauer wird was!

In der Werkstatt mache ich meine Fensterläden und meine Gatter. Schritt um Schritt. Da wird nicht geplaudert, nein, aber das tut richtig gut.

Den Stolz nimmst du mit dir ins Grab, die Zufriedenheit aber begleitet dich im Leben überall hin.

Ob du als Bauer reich bist, entscheidet nicht die Quadratmeterzahl deines Grund und Bodens, sondern die Zahl der Regenwürmer, die sich darin tummeln.

Paul und seine Kühe

Die Kühe auf dem Hof der Bedels hatten immer einen Namen, der in den amtlichen Papieren stand, und einen anderen, den ich in meine Hefte eingetragen habe. Diesen habe ich ihnen nach ihrem Charakter gegeben. Heute muss man ihnen ja mit der Zange so einen hässlichen Plastikohrring mit einer Nummer darauf verpassen.

Cornette droite (die Flügelhaube): Sie hatte ein Horn, das wie die Flügelhaube einer Schwester zur Seite gebogen war, allerdings nur auf der rechten Seite.

La Biche (die Hindin): Sie ging wie eine große Dame und hatte sehr sanfte Augen.

Danseuse (die Tänzerin): Sie tänzelte, statt zu gehen. Und sie hasste die Bremsen, die sie öfter stachen als jede andere Kuh.

Crampon (die Klette): Sie folgte mir überall hin.

Fesse blanche (weiße Hinterbacke): Sie hatte einen weißen Fleck auf einer Hinterbacke.

Cigarette (die Zigarette): Darauf bin ich nun nicht gerade stolz. Ich habe heimlich geraucht und sie hat eine ganze Schachtel Zigaretten gefressen, die mir aus der Tasche gefallen war, Gauloises ohne Filter!

Copine (die Kameradin): Immer nett zu allen, die Schwestern mochten sie gerne.

Blanche (die Weiße): Sie hatte kein geflecktes Fell, nur einen winzigen Fleck auf dem Maul und dunkle Ringe um die Augen.

Julie: Wir haben bald aufgehört, unseren Kühen Mädchennamen zu geben. Julie ist uns nämlich einmal abgehauen, als wir sie zum Stier bringen wollten. Wir sind durchs Dorf gelaufen, haben gerufen und die alte Julie glaubte, wir suchen sie. Das war uns ganz schön peinlich.

Molasse (Melasse): Sie hatte wirklich ein schönes Leben, die kleine Simulantin.

La Noire (die Schwarze): Ihr Fell war von dunklen, fast schwarzen Flecken übersät.

Citron (Zitrone): Ihr Fell war von so hellem Rot, dass es fast gelb aussah.

Long pied (Langbein): Sie hatte lange Afterzehen, die ich regelmäßig mit der Heckenschere kürzen musste. Ich nahm die längste, die ich hatte, und zack! Ich schnitt, dann zog ich mich sofort zurück, um keinen Huftritt abzubekommen.

Balafrée (Narbengesicht): Sie hatte eine Narbe im Gesicht, aber Milch hat sie trotzdem gegeben.

Aveugle (die Blinde): Eines Tages verfing sie sich auf der Heide in einem Ginstergebüsch. Bald waren ihre Hörner von Zweigen gekrönt. Das sah aus wie ein Hut, der ihr über die Augen hing. Sie konnte nichts mehr sehen und lief laut muhend im Kreis. Meine Stimme beruhigte sie und so konnte ich näher kommen, um ihr das Gestrüpp wieder abzunehmen.

Chien (Hund): Sie folgte uns wie ein kleiner Hund, eine echte Klette. Sie wäre am liebsten mit uns ins Haus gegangen. Manchmal frass sie uns sogar aus der Tasche.

Morue (Kabeljau): Sie war richtig fett, und wenn sie so dahinmarschierte, schaukelte ihr Hintern kräftig. Als ich meine Wetterfahne gebastelt habe, die heute auf dem Stall thront, habe ich Morue als Modell genommen. Ich dachte mir: Wenn ihr Abbild da oben auf dem Dach sitzt und Nordwind anzeigt, dann steht sie doch hübsch warm im Stall.

Cul sale (schmutziger Arsch): Ich bürstete sie jeden Tag, aber da war nichts zu machen. Sie hat sich schon als Kälbchen immer dreckig gemacht, hat sich in den Kuhfladen gewälzt. Man konnte sie einfach nicht lange sauber halten.

Échalote (Schalotte): Sie roch immer nach Zwiebeln.

Désirée (die Ersehnte): In einem Jahr hatten wir schon ein Dutzend Stierkälber, aber immer noch kein Kuhkalb. Daher haben wir sie Désirée getauft, als sie zur Welt kam.

Sirène (die Sirene): Sie frass doch tatsächlich Tang auf den Feldern!

Tête blanche (Weißköpfchen): Sie hatte die typischen braunen Augenringe, die die normanischen Kühe haben, aber ansonsten keinerlei Flecken oder Zeichnung am Kopf.

Les Deux Jaunes (die zwei Gelben): Zwei Kühe, deren Fell einen Gelbstich hatte. Sie waren Zwillinge.

La Pluche (die Plüschige): Ihr Fell war wollig wie das eines Schafes.

Rigolote (Scherzkeks), auch *Petit Chien* (kleiner Hund) genannt: Sie war die Tochter von *Chien* und ein echter Witzbold.

Morue: Sie war die Tochter von Morue und genauso fett wie diese.

Rustique (die Urige): Sie war wie die Kühe früher, ruhig, aber mutig.

Rosace (die Rosette): Sie hatte eine rosettenförmige Zeichnung.

Chicorée (Zichorie): Sie war dunkler als die anderen.

Bichette (kleine Hindin): Sie war die Tochter von *Biche*.

Poilue (die Haarige): Sie hatte ein so kräftiges Fell, dass wir sie viel öfter bürsten mussten als die anderen.

Casquette (Mütze): Ihre Flecken am Kopf sahen aus, als trüge sie eine Mütze.

Déhanchée (die Hüftlahme): Sie hinkte, wie viele Leute hier, die ein Problem mit den Hüften haben. Bei Menschen kann man das heute operieren, bei Tieren weiß ich es nicht.

Cabochue (der Dickkopf): Ein echtes Luder, aber ich mag Kühe mit Charakter.

Bibiche (hübsche Hindin): die Tochter von *Biche*.

Perte de vue (So weit das Auge reicht): Dieses Kalb sah man immer nur am Horizont, es lief stets so weit weg wie möglich.

Dingue (die Versponnene): Sie hatte richtige Nervenkrisen.

Rescapée (die Überlebende): Sieben Nachbarn haben uns geholfen, dieses Kalb auf die Welt zu bringen. Wir zogen an allen Ecken und Enden, ein paar Leute an den Hörnern der Kuh, die anderen an den Hufen des Kalbs. Einer meinte: »Die Kuh ist hin!« Ein anderer: »Das Kalb ist hinüber.« Es dauerte Stunden. Die Kuh nahm es uns nicht einmal mehr übel. Das Kalb war ganz schwarz, als es zur Welt kam. Wir haben es an den Beinen aufgehängt, damit es alles ausspucken konnte, was es womöglich in sich hineingefressen hatte. Dann habe ich die Kuh gegen ein paar Fuder Heu gelehnt und sie damit abgewischt. Wir sind alle miteinander zum Essen gegangen. Obwohl ich dachte, dass schon alles gut gehen würde, hatte ich keinen Appetit. Die Freunde sind dann gegangen, und als ich vor dem

Schlafengehen im Stall nach dem Rechten sah, lagen sie beide da und atmeten kaum.

Nachts schoss ich dann plötzlich hoch und lief in den Stall, aber da stand meine Kuh und fraß in aller Seelenruhe ein wenig Heu. Im Halbdunkel sah es so aus, als lächle sie mir zu.

Da habe ich mich dann zufrieden wieder hingelegt und mir mit meinen großen Händen ungelenk die Tränen aus den Augen gewischt.

Das Kälbchen hat uns später viel Milch gegeben. Wir haben sie »die Überlebende« genannt.

Saucisse (das Würstchen): Sie war mager wie ein Würstchen. Eines Tages musste ich ihr eine Spritze geben. Wir gingen auf die Weide hinaus, meine Schwestern hielten sie, die eine bei den Hörnern, die andere am Maul. Ich stach ihr mit der Nadel unters Fell, und sie ging los wie eine Rakete. Die Schwestern rannten ihr über die ganze Weide nach, weil sie dachten, ich hatte noch keine Gelegenheit gehabt, sie zu spritzen. Ich lachte mir eins, als ich sie da hinter der wütenden Kuh herlaufen sah.

Mauvaise (die Schlimme): Ach, was die mir an Tritten verpasst hat! Ihre Kolleginnen hat sie immer mit den Hörnern gestoßen. Aber als sie weg war, hat sie mir wirklich sehr gefehlt.

La Vigie (der Ausguck): Ihre Mutter hatte sie in der Nähe des Semaphor zur Welt gebracht, ohne Hilfe, ohne alles. Sie war meine Lieblingskuh, ein mieser Charakter, aber treu. Sie hat viel Milch gegeben. Und man hatte immer den Eindruck, als würde sie mit einem reden. Ich hätte sie behalten sollen. Dann hätte sie hin und wieder ein Kälbchen bekommen können.

Petit Bouc (kleiner Bock), *Petits-Sabots* (die Kleinhufige),

Vieille Blanche (alte Weiße), *Rouge* (die Rote) ...
Das waren alles meine Kühe, doch am 9. Oktober 2004 war Schluss.

Am 2. November 2003 habe ich zwei Kälber sowie die *Copine* und die *Biche* verkauft, für 1204 Euro und 35 Cent.

Petit Bouc und *Petits-Sabots* kamen 2004 dran.

Die drei letzten, die *Blanche*, die *Vigie* und die, die der *Crampon* so ähnelte, sind dann am 9. Oktober 2004 weggegangen. Ich habe nicht um den Preis gefeilscht und wollte nicht wissen, um wie viel der Händler sie weiterverkaufte. Deshalb habe ich auch keine Ahnung, ob sie zu einem anderen Bauern oder in den Schlachthof gekommen sind. Ein paar Tage vor dem Verkauf habe ich ihnen aus meinen letzten Schnüren noch schöne Stricke gedreht. Das war mein letztes Geschenk.

Als sie den Lastwagen sahen, sind sie ans andere Ende der Weide geflüchtet. Ich musste sie selbst holen. Dann habe ich mich im Haus versteckt, weil mir die Tränen über die Wangen liefen. Die *Vigie* hat noch so lange gemuht. Das werde ich nie vergessen.

Ich habe mich danach lange in meinem Zimmer zurückgezogen. So kannte ich mich gar nicht. Ein paar Monate lang hat es mich schier verrückt gemacht, wenn ich die Tiere der anderen sah, wenn ich über das Fell der Kälber strich. Ich bedaure jetzt, dass ich die *Vigie* nicht behalten habe. Sie fehlt mir. Dann hätten wir heute noch ein bisschen eigene Butter und Sahne. Seitdem ich die Kühe verkauft habe, mag ich keine Sahne mehr.